世界未解自然之谜

SHIJIE WEIJIE ZIRANZHIMI

田 雨 编

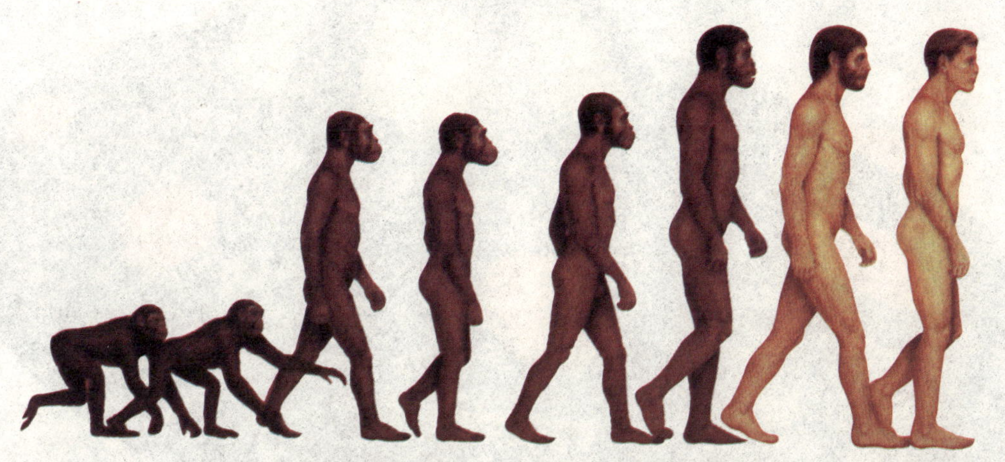

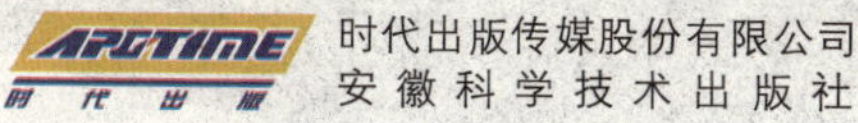

前　言

FOREWORD

大自然是一个神秘莫测的宝库，到处都充满了扑朔迷离的秘密。人类自从脱离茹毛饮血的生活，昂首“走出”动物界的那一刻开始，便怀着十足的好奇心，以不懈的努力探求着大自然的奥秘。

翻开本书，你便踏足地球神秘之处了。如果你想做一次虚拟的神秘地带之旅，那么你在书中将如愿以偿——你可以到世界上令人恐怖的死亡大三角去体验冒险的趣味，也可以在眨眼之间探寻古老文明留下的神秘谜团，你甚至还可以在诡异的幽灵岛、死亡谷中体会大千世界的万般神奇……总之，在你大开眼界的同时，心灵也会在地球的神秘地带上震撼不已。

爱因斯坦曾说过人类的一切经验和感受中以神秘感最为美妙，这是一切真正艺术创作及科学发明的灵感与源泉。毋庸置疑，如今我们悉心探索大自然一个又一个的未解之谜，不仅是对丰富而神秘的人类文明的回顾与叩问，还是对未来文明的一种深思与展望。

好奇心孕育着未来的伟大发现，想象力铺就了人类进步的阶梯，让我们走进这神奇的未知世界，共同领略和探索大自然遗留给我们的种种迷离。

目录

CONTENTS

死海之谜

在亚洲西部，巴勒斯坦和约旦交界处，有一个平静的内陆湖，湖里没有鱼、蚌，甚至水草，湖周有大片沙滩和卵石滩，可是人们找不到半点贝壳或其他显示有生命曾经存在过的痕迹。这片貌似荒凉的地方，就是举世闻名的“死海”，凡是前往约旦的游客都把这里作为必游之地，因为死海是一个理想的休闲场所，即使不会游泳的人来到这里，也尽可以放心地仰卧水面，随波漂浮。死海本来也是一个世界之谜，但随着科学技术的发展，人们对自然的认识的提高，死海的诸多谜团也已被解开。

死海其实不是海，而是西亚南端的一个内陆湖。因为它的盐度很高，所以实际上是一个咸水湖，它的形成是自然界变化的结果。死海地处约旦和巴勒斯坦之间南北走向大裂谷的中段，它的南北长 80 千米，东西宽 5~17 千米，海水平均深度 300 米，最深的地方大约有 400 米。死海的源头主要是约旦河，河水含有很多的盐类，河水流入死海，不断蒸发，盐类沉积下来，经年累月，越积越浓，便形成了今天世界上最咸的咸水湖——死海。

死海的海水中富含的矿物可以用来治疗一些皮肤病和湿疹，所以死海又是世界上一个著名的疗养地。

死海之所以称为死海，是因为过去人们一直认为它没有任何生命。但近几年科学家在死海中发现了两种生物，证明死海实际上并非一片寂静。

20 世纪 80 年代初，人们发现死海正在不断变红，经研究，发现水中正迅速繁衍着一种红色的小生命——“盐菌”。其数量十分惊人，大约每立方厘米海水中就含有 2 000 亿个盐菌。另外，人们发现死海中还有一种单细胞藻类植物。看来，死海也是一个生机勃勃的世界。不过，科学家对生物何以能够在死海中生存百思不得其解。

以色列一支研究小组最近揭开了生活在世界盐度最大的死海中生物得以生存的秘密。该研究小组指出，死海生物之所以得以生存，是因为死海里的蛋白质形成了一个起保护作用的

死海中的盐堆积成各种奇怪的形状，看上去很像雪人。

死海中的盐柱。

更多介绍

死海的有趣处和独特处在于它的四个“400”：第一，它低于海平面 400 米，是世界的最低点；第二，它的水最深处是 400 米；第三，死海所含的各种矿物质是 400 亿吨；第四，据说死海底有大约 400 米厚的盐的沉积层。

水层。该水层使蛋白质溶解在细胞质里，而细胞质本身的盐度比无法在有盐的环境下生存的细胞约大 10 倍。

尽管如此，预言死海将死的还是大有人在。因为，死海的实际情况实在不容乐观，严酷的现实仍是湖水在减少，干涸的威胁在扩大，而那乐观的前途仅是建立在地学上的假说——板块理论基础上的，目前还没有更多的事实加以论证。因此，死海的生存死亡，仍然是一个难解的谜。

死海上空艳阳高照，湖面空气量高，清新异常。

火星之谜

火星是太阳系九大行星当中位居第四的一颗，除金星外，火星是离我们地球最近的一位“邻居”。由于火星的多种特性都与地球很相似，所以，它也被誉为“天空中的小地球”。关于火星，曾有这样一个故事：在古代，有人希望一位著名的天文学家用500字来回答火星上是否有生命，他得到的答复则是重复了125遍的“无人知道”。在太阳系里，这个最类似地球的星球引起了一代又一代的地球人孜孜不倦的探索。

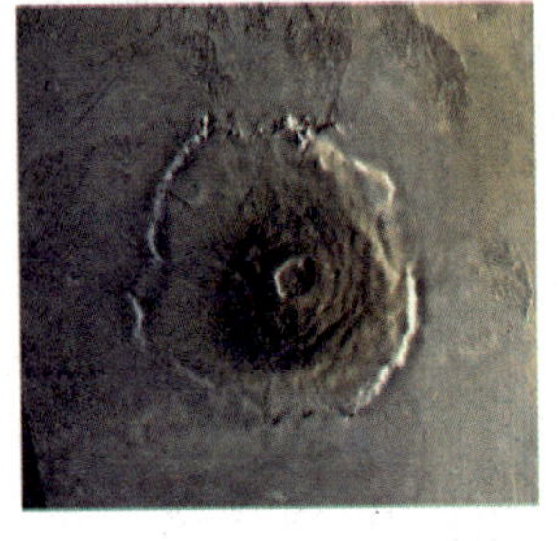
▲ 火星上的奥林匹斯火山是太阳系中最大的火山。

火星由于发出荧荧的红光，在中国古代被称为“荧惑”；在古希腊神话中，战神马尔斯是战争与毁灭的化身，火星的微红色很自然地让人联想到战争的血与火，于是火星被古人视为战争的象征。17世纪，科学巨人伽利略第一次把望远镜对准了这颗红色的星球，此后，人们对它的了解不断深入。

其实，火星并不如人们想象的那样美妙，它的表面满目荒凉，基本情况就是干旱。其表面75%是由硅酸盐、褐铁矿等铁氧化物构成的沙漠，火星的红色就来自这些铁的氧化物的颜色。火星的大气稀薄而干燥，水分极少，主要成分是二氧化碳，约占95%。赤道附近中午温度为20℃左右，昼夜温差则超过100℃。火星上有沙尘暴，当火星上发生沙尘暴的时候，就看不清火星了。火星的平均温度在零下50℃。地球距离太阳有1.5亿千米，这就是一个天文单位，而火星离开太阳的距离有1.6个天文单位，因而，火星的温度很低是顺理成章的。

17世纪，荷兰学者惠更斯利用望远镜描绘出第一幅大面积的火星图。根据这个特征，惠更斯得知

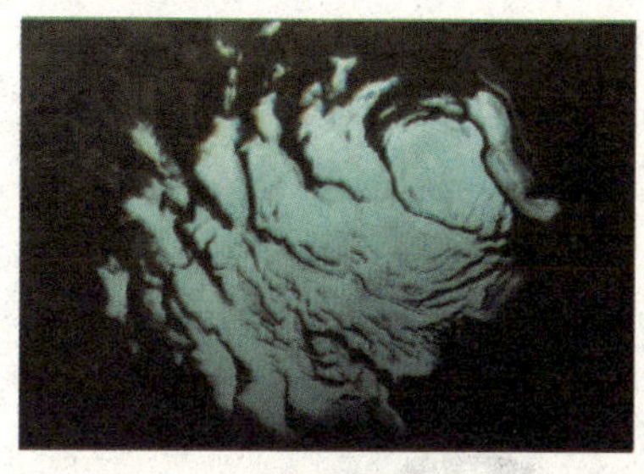

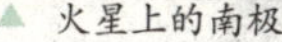

▲ 火星上的南极

▲ 火星上的北极

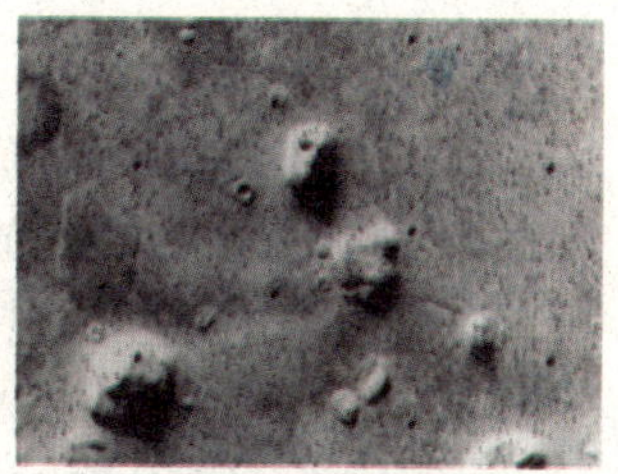

▲ 火星上发现的奇特岩石，看起来像颗人头。

火星自转一周的时间与地球几乎相等。这些表明火星也有同地球一样的四季，这个“天空中的小地球”果然名副其实。

进入20世纪60年代，随着观测仪的改进，人们终于发现，所谓“火星运河”原来不过是一些环形山和陨石坑的偶然排列。从现已查明的火星环境来看，它是个荒芜的沙漠，无液态水，大气稀薄，温度又低，因而存在生命的可能性很小。但有一些科学家却始终认为火星上可能存在生命物质。围绕着火星上是否有生命，科学家们各抒己见，争论不休。但是科学家们一直相信火星上有水资源的存在，而且可能是在火星两极或大气高层中以冰雪及水蒸气的形式存在的。为了证明火星上有无生命之源的存在，从20世纪60年代起，以美国和前苏联两个超级大国为首，人类开始了对火星的大量探测工作。

更多介绍

近年来，俄罗斯航空部门也宣布，人类实现登陆火星这一梦想的日期大约是在2015～2020年之间。届时，俄罗斯、美国和欧洲航天局将联手研制两艘新型宇宙飞船，不仅能在火星表面准确着陆，还能为宇航员在火星上提供两个月的生存保障，并最终安全返回地球。

自火星探测计划开始以来，人类共进行了30多次火星探测，探索动机也从最初的单纯寻访外星人逐渐向移民火星转化。而要实现移民，首先就要确认火星上是否具备人类生存的基本条件。于是，寻找水和生命存在的证据，就成了现阶段人类火星探索的首要任务。

▼ 火星和它的两颗卫星。

科学家们在对火星探测器发回的火星照片进行研究时发现，火星南极的冰盖上有许多圆坑，这些圆坑底部的温度比较高，形成不了干冰，而其底部很可能存在着厚厚的水冰冰层，这些圆坑

底部正是上层干冰与下层水冰的过渡层面。此外，火星地表存在着类似溪谷和河道的种种痕迹以及最近首次在火星大气中探测到了水的主要组成元素——氢原子等种种证据，都进一步增加了火星上曾经出现过甚至现在仍然存在水的可能性。

假如人类可以进一步探测出充足的水资源，这会使人类上火星考察乃至移居火星更加容易。

随着科研技术的不断发展和完善，科学家们对人类登陆火星充满了信心。登陆火星只是火星探索的初级阶段，移民火星才是科学家们的最终目标。因为人类经过数万年繁衍，日渐膨胀的人口压力和日益匮乏的资源压力，都使人类想要开辟地球之外的第二块

▲ 火星上的微生物

生存空间，最临近的这颗可登陆行星成了人类的理想选择。

这并不是一个不切实际的空想，火星探测不断传回好消息。人们从卫星拍摄的照片中发现，火星表面某些地区出现黑斑现象，就好像是由于冰体融化所致。火星变暖对我们人类来说也许是一件好事，因为火星的气候会越来越接近我们地球的气候。在不久的将来，人类移居火星将不再是一个遥远的梦。

2001年6月26日~9月4日，拍摄到的火星上的沙尘暴比较图。

更多介绍

火星拥有被冰冻在土中的海洋，那里有大量的碳、氢、氧和氮，这一切都等待着有足够创造力的人去开发、利用。这四种元素不仅是食物和水的基本元素，而且是塑料、木材、纸张和衣服的重要组成成分，更为重要的是，它们还是火箭燃料的重要成分。

尼斯湖水怪之谜

1934年4月，英国爆出了一个轰动世界的怪现象：在尼斯湖的水面上，露出一个像海蛇似的怪物的细而长的脖子，好像在游动和觅食。罗伯特·威尔逊上校拍下了这个镜头。尽管这张照片不甚清晰，但它却在全世界引起了强烈的反响，深深吸引世人并激发各种想象：它是史前时代蛇颈龙的后裔吗？它是藏匿在尼斯湖底的一只仅存的恐龙吗？……为了一睹水怪的真面目，每年世界各地的大量游客慕名前往尼斯湖地区参观；同时，许多科学家和探险者也对此热门话题大感兴趣，数百年来已经有无数次的搜捕水怪行动，尽管最后都以失败告终，但后继者仍然络绎不绝。

位于英国苏格兰高原北部的大峡谷中的尼斯湖，是一个出了名的深湖潭，据资料显示，其平均深度可达到海平面以下200米，最深处有293米，被人们称之为“沉在海下的湖”。湖中生物种类繁多，湖底沟壑纵横，如同迷宫。20世纪30年代，这一水域因为发现了巨大的长颈不明生物——尼斯湖水怪，而一跃成为全球注目的焦点。

人们在探访尼斯湖水怪的来龙去脉时，竟惊异地发现，尼斯湖水怪的传说已持续了将近1 500年。自从有尼斯湖水怪的记载后，十多个世纪里，类似的消息报道多达一万多宗，但真正让尼斯湖水怪一举成名的，还是20世纪30年代来自英国的一则报道。

1933年8月的一天清晨，朝雾还没有散去，英国兽医学者格兰特骑着摩托车沿着尼斯湖畔回家。朦胧中，他看见前方有一只有些像恐龙的怪物，他从车上跳下来准备看个仔细，只听见水怪鼻中呼呼作声，随即跳入水中不见了。差不

更多介绍

20世纪末期，伦敦传出了一则令人愤慨的消息：“尼斯湖水怪”是一场人为的恶作剧。罗伯特·威尔逊那张流传了半个多世纪的杰作也是假的，在他年老后接受采访时道出了其中的真相：那是他为了捉弄当时喜欢捕风捉影的英国传媒而制作的一张假照片。

尼斯湖水怪照片的出现，在全世界范围内掀起了一股“水怪热”。

多与此同时，一对到这里旅行的约翰·麦凯夫妇和修路的工人也看到了它。这个神秘的怪物在湖中游弋着，弄得湖水哗哗作响。它露出了两个驼峰似的脊背，皮肤呈灰黑色，有点类似大象，满是皱纹。它时而伸出像蛇一样细长的脖子，时而又沉入水中。目击者对它的巨大身体感到特别吃惊，根据他们的推算，怪兽大约有15米长，很像早已绝灭了的蛇颈龙一类的动物。

▲ 没有人真正见过尼斯湖水怪，与之相关的图片与摄影作品都带有人们的想象色彩。

约翰·麦凯夫妇惊人的奇遇经英国媒体的报道，立即引起了全世界的轰动。人们第一次听说，一个湖里居然还生存着我们从来不认识的庞然大物！一时间，尼斯湖闻名天下，不同国籍的人们纷纷云集现场，希望目睹一下这个怪物。但是，这个怪兽却像有意捉弄人似的，除了偶尔在什么地方突然露一下脊背，或者伸出它的长颈在湖面晃晃外，便长时间地销声匿迹了。

▲ 尼斯湖水怪以其独特的神秘韵味吸引着全球世人好奇的目光，与之相关的电影也层出不穷。

后来，在1934年4月19日，一位英国的外科医生威尔逊拍摄到了第一张尼斯湖怪兽的照片。有人认为照片上那个长脖子和小脑袋的怪物，看上去完全不像任何一种的水生动物，而很像古生物学家说的一种史前动物——蛇颈龙在地球的遗留种群。但据科学考证，这种巨大的爬行动物也跟恐龙一样早在几亿年前就已经灭绝了。还有一种解释，水怪是尼斯湖的另一种大型鱼类——鲑鱼，最大的鲑鱼个体可达1.5米长；也有可能是从海洋中偶尔逆水而上的鲟鱼或鳗鱼，它们的个体都很大。但目击者不接受这些解释，他们坚信自己看到的不是这些鱼类——这些鱼类的外形与他们所见到的水怪外形相差太大。

另外有许多科学家对尼斯湖水怪的存在持否定态度。究竟尼斯湖有没有水怪？一时间谜影重重。为了揭开这一谜团，不少人为此付出了艰苦

的努力。

1972 年 8 月，美国波士顿应用一些水下摄影机和声呐仪，在尼斯湖中拍下了一些照片，其中一幅显示有一个两米长的菱形鳍状肢，附在一个巨大的不明生物体上。同时，声呐仪也寻得了巨大物体在湖中移动的情况。

1975 年 6 月，该院再派考察队到尼斯湖，拍下了更多的照片，其中有两幅特别令人感兴趣：一幅显示有一个长着长脖子的巨大身躯，还可以显示该物体的两个粗短的鳍状肢；另一幅照片拍到了水怪的头部，经过电脑放大可以看到水怪头上短短的触角和张大的嘴。因而，人们得出的结论是“尼斯湖中确有一种大型的未知水生动物”。

1972 年和 1975 年的发现曾轰动一时，使人感到揭开水怪之谜已迫在眉睫了。此后英、美联合组织了大型考察队，派 24 艘考察船排成一字长蛇阵，在尼斯湖上拉网式地驶过，企图将水怪一举捕获，遗憾的是，除了又录下一些声呐资料之外，一无所获。

直到现在，人们除了尼斯湖水怪的照片和有关资料，还没有得到过一点实物证据。但是，神秘莫测的尼斯湖依然吸引着世界各地很多对长颈怪物有浓厚兴趣的人前来探险和调查。当然，也有人认为这是一个恶作剧。英国报纸和电视台

更多介绍

苏格兰的尼斯湖水怪可算是世界上最出名的怪物。自它出现的近百年来，无数“水怪迷”为之疯狂。然而至今种种迹象显示，这个长期独领风骚的“怪物”，很可能是一个巨大的骗局。孰真孰假，有赖于人类的进一步探索。

这个神秘的怪物总是让人产生无尽的遐想。

▲ 电脑合成的尼斯湖水怪影像图

▲ 尼斯湖水怪标志

近来就都认为，这是“20 世纪最大的骗局之一”。

即使如此,我们地球上是不是真的还存在一种未被发现的大型水生长颈动物，就像尼斯湖水怪一样，仍然是一个谜，只要没有真正找到水怪，这个谜就没有揭开。

▼ 尼斯湖位于英国苏格兰高原北部的大峡谷中，湖的两岸陡峭，树林茂密。天然形成的环境更为这个著名的世界之谜增添了神秘的色彩。

土星的奇异光环

土星是太阳系八大行星之一，按离太阳由近及远的次序为第六颗。中国古代称土星为填星或镇星。在太阳系的行星中，土星的光环最惹人注目，它使土星看上去就像戴着一顶漂亮的大草帽。关于它的形成至今仍然是一个难解的谜……

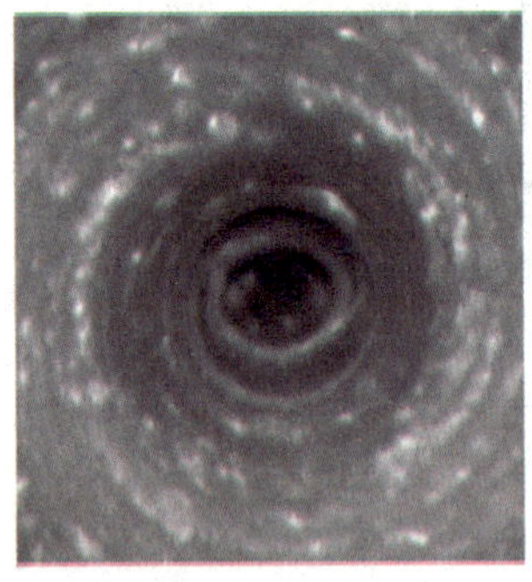

卡西尼飞船记录了土星南极发生的一次罕见风暴。

在1781年发现天王星之前，人们曾认为土星是离太阳最远的行星。

土星（Saturn），轨道距太阳142 940万千米，公转周期为10 759.5天，相当于29.5个地球年，视星等为0.67等。土星也是一颗液态行星，直径约为地球的9.5倍，质量为地球的95倍，它的液态表面中含有氢和氦。土星在很多方面像木星，如它与木星同属于巨行星，它的体积是地球的745倍，质量是地球的95.18倍。在太阳系八大行星中，土星的大小和质量仅次于木星，占第二位。它像木星一样被色彩斑斓的云带所围绕，并被较多的卫星所环围。它由于快速自转而呈扁球形，赤道半径约为60 000千米。土星的平均密度只有0.70克/立方厘米，是八大行星中密度最小的，如果把它放在水中，它会浮在水面上。更令人惊奇的是，在望远镜中可以看到土星被一条美丽的光环围绕。

在太阳系的八大行星中，除土星外，天王星和木星也都具有光环，但它们都不如土星光环亮丽壮观。在望远镜里，

更多介绍

土星运动迟缓，人们便将它看做掌握时间和命运的象征。罗马神话中称之为第二代天神克洛诺斯，它是在推翻父亲之后登上天神宝座的。无论东方还是西方，都把土星与人类密切相关的农业联系在一起，在天文学中表示的符号，像是一把主宰农业的大镰刀。

土星和它美丽的光环。

▲ 土星和它的卫星。

我们可以看到三圈薄而扁平的光环围绕着土星，仿佛戴着明亮的项圈。奇异的土星光环位于土星赤道平面内，与地球公转情况一样，土星赤道面与它绕太阳运转轨道平面之间有个夹角。这个27°的倾角，造成了土星光环模样的变化。

土星光环不仅给我们视觉上美的享受，也留下了很多谜团有待我们去探索。据观测表明：构成光环的物质是碎冰块、岩石块、尘埃、颗粒等，它们排列成一系列的圆圈，绕着土星旋转。但令人疑惑的是，目前还不知道组成光环的这些物质，是来自土星诞生时的遗物呢，还是来自土星卫星与小天体相撞后的碎片？土星光环为什么有那么奇异的结构呢？这些都是有待科学家们研究探讨的难题，我们期待这些谜底的解除早一天到来。

▲ “旅行者”号飞过土星。

海王星之谜

据资料介绍：当美国的“旅行者2号”于1990年飞过海王星时，曾观测到它最外围的环（名为“亚当斯环”）上有了一小段明亮的短弧。这些弧状环早在20世纪80年代就被天文学家在地面探测到，当时人们记录到一些奇怪的闪变。此外，在它的身上专家们还发现有许多奇怪的地方，这一个个未解的谜使得海王星更加神秘……

更多介绍

美国科罗拉多州西南研究所哈洛德-莱维森和法国蔚蓝海岸天文台阿里桑德罗——莫比蒂里在11月27日一期《自然》发表最新研究文章，报告海王星随身携带着整个库伯带中的天体向外移动。

在太阳系形成的最早期阶段，组成其外部边缘的只不过是很稀薄的冰块而已。随着大量冰块聚集起来，便逐渐形成了形状奇特的、稀疏的盘状天体，称之为库伯带。

年轻的海王星在太阳系中信步游荡，这本身倒没有什么值得大惊小怪的。海王星与密集地围绕在其周围的气体、尘埃和小型原行星之间通过重力产生的相互作用，已将行星从现在的位置排斥出去。移动的海王星会依次推动其前面的天体，即小天体处于大天体的共振轨道中时，大天体就可以在其轨道上的相同位置，反复推动其周围的小天体。让人不解的是，这种海王星共振所推动的天体轨道，在理论上应该因为受到猛烈的拉伸而倾斜，可是库伯带中的许多天体却依旧秩序井然，表明其轨道并未改变。

更令人感到迷惑的是海王星磁场与其他行星的情况大相径庭，它的磁场有多个极，而且磁偏角很大，有47°。

20世纪80年代，“旅行者2号”开始对海王星进行考察，使得人们有可能将这个行星的磁场绘制成图。

1989年8月26日，“旅行者2号”探测器飞近海王星时，发现海王星周围共有4个光环，两个宽环和两个窄环，而且外光环很不一般，呈明显弧状，沿弧有紧密积聚的物质。

结果却是出人意料的。大多数行星都有南极和北极两极磁场。地球的磁极位于极地附近，与地球的南北极存在一个偏角，称为磁偏角，目前二者交角为11.5°。其他许多行星，包括木星、土星和木星的卫星“伽里米德”都与地球类似。比如木星的磁偏角是10°，与地球相近。

科学家曾提出若干机制来解释这些异常的磁场，但都没有达成共识。

种种迹象表明，海王星仍然是一个神秘的难解之谜。它有待于我们的不懈努力和继续探索，把疑问一一解答。

海王星和海卫一。

海王星上的“大黑斑”。

黑洞之谜

“黑洞”是一个很容易让人望文生义的名词，第一次听说的人，很可能会把它想象成一个“大黑窟窿”。其实不然，科学家告诉我们，如果一个天体质量足够大、体积足够小，那么它的引力大得就会连光都逃不出去，这种看不见的天体就是黑洞。黑洞无疑是21世纪最具有挑战性、也最让人激动的天文学说之一，它的无形无影酝酿出了种种秘密，科学家为揭开它的神秘面纱而辛勤工作着……

▲ 黑洞“吞食”中子星。

黑洞是不会发光的，是黑漆漆的，也是一种特殊的天体。黑洞具有强大的引力场，以至于任何东西，甚至连光都被它吸进去而不能逃掉。

其实，黑洞并不是实实在在的星球，而是一个几乎空空如也的天区。黑洞又是宇宙中物质密度最高的地方，地球如果变成黑洞，只有一颗黄豆那么大。原来，黑洞中的物质不是平均分布在这个天区的，而是集中在天区的中心，这些物质具有极强的引力，任何物体只能在这个中心外围游弋，一旦不慎越过边界，就会被强大的引力拽向中心，最终化为粉

▼ 黑洞具有强大的引力场。

末，落到黑洞中心，因此，黑洞是一个名副其实的“太空魔王”。

黑洞内部之所以有这么强大的引力，这和它的形成有关。一颗质量超过太阳20倍以上的恒星，经过超新星爆发后，剩余部分的质量一般仍要超过太阳质量的2倍以上，这部分物质自身引力非常强大，从而发生急剧坍缩。随着坍缩加剧，分子、原子乃至原子核都会被挤破，最终形成极高密度的引力中心。

很久以来，天文学家一直在寻找黑洞的踪迹，但科学家的研究日益证明这种天体的确存在。20世纪70年代，世界著名的物理学家霍金把量子力学与广义相对论结合起来，进行黑洞表面量子效应的研究，最终使得黑洞理论的研究向前推进了一大步。

黑洞研究引起人们兴趣的一个重要原因是，时间和空间在黑洞中消失，这意味着通过黑洞有可能将我们现在的时间和空间连接另外一个时间和空间，时间旅行有可能实现。如果按照霍金等人的假说，我们的宇宙不是时空四维而是十一维的话，那么黑洞有可能是通往其他七维的通道。

黑洞留下很多谜，很值得我们进一步探索。

更多介绍

1974年，霍金在提出“黑洞蒸发理论”的同时，又把量子力学和引力理论结合在一起，创造了量子宇宙论。他说，根据量子力学，空间中充满了粒子和反粒子，黑洞存在时，一个粒子可以掉到黑洞里面去，留下它的伴侣就是黑洞发射的辐射，这就是霍金提出的被人们称为“霍金辐射”的黑洞辐射论。

▼ 黑洞向周围吹散的巨大气泡，气泡直径达到10光年。

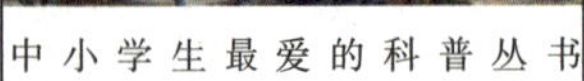

吃人植物之谜

众所周知，世界上有食虫植物，例如猪笼草、捕蝇草、狸藻等，它们可以捕食昆虫，有时甚至也能“吃”掉小青蛙之类的动物。“吃”虫毕竟容易些，植物能不能吃人呢？近些年来，许多报刊杂志不断刊登了有关吃人植物的报道，使得一些人相信，世界上的确有吃人植物存在。虽然这些报道对各种不同的吃人植物的形态、习性和地点方面做了详细的描述，但是，由于都没有确切地指出它是哪一科和哪一属的植物，也没有提供照片作为有力的证据，因此许多植物学家对于吃人植物的有无持怀疑态度。它成为植物学领域中一个令人感兴趣的谜。

追踪有关吃人植物的最早消息是来自于19世纪后半叶的一些探险家们，其中有一位名叫卡尔·李奇的德国人在探险归来后说：“我在非洲的马达加斯加岛上，亲眼见到过一种能够吃人的树木，当地居民把它奉为神树。曾经有一位土著妇女因为违反了部族的戒律，被驱赶着爬上神树，结果树上8片带有硬刺的叶子把她紧紧包裹起来。几天后，树叶重新打开时只剩下一堆白骨。”于是，世界上存在吃人植物的骇人传闻便四下传开了。

类似这样传闻性的报道使得植物学家们困惑不已。为了揭开吃人植物之谜，1971年，一批南美洲科学家专程组织了一支探险队前往马达加斯加岛进行考察。他们在传闻有吃人树的地区进行了广泛的搜索，结果并没有发现这种可怕的植物，倒是在那儿见到了许多能吃昆虫的猪笼草和一些蜇毛能刺痛人的荨麻类植物。这次考察的结果使学者们更增添了对吃人植物是否存在的怀疑。

一时间，究竟有没有吃人植物成了众多学者争论的话题。1979年，英国一位毕生研究食肉植物的权威——艾得里安·斯莱克，在他刚刚出版的专著《食肉植物》中说：到目前为止，在学术界尚未发现有关吃人植物的正式记载和报道，就连著名的植物学巨著，德国人恩格勒主编的《植物自然分科志》以及世界性的《有花植物与蕨类植物辞典》中，也没有任何关于吃人树的描写。除此以外，英国著名生物学家华莱士，在他走遍南洋群岛后所撰写的名著《马来群岛游记》中，虽然记述了许多罕见的南洋热带植物，但也未曾提到过有吃人植物。

绝大多数植物学家认为，有些植物的根、茎、叶在特殊的环境中，有可能发生变态，譬如舞草的叶子能够“跳舞”等，然而无论如何也不会变到会抓人、会吃人。在目前已发现的食肉植物中，捕食的对象仅仅是小小的昆虫而已，它们分泌出的消化液，对小虫子来说恐怕是汪洋大海，但对于人或较大的动物来说，简直微不足道。况且，有关吃人植物的根、茎或叶的实物都没有，甚至连一张可信的植物的照片也没

更多介绍

《世界科学新谈》一书中，对非洲马达加斯加岛上的“吃人树”的形态特征进行了描述：树高约 3 米，树干为圆形，外表似菠萝蜜壳的树皮，树顶周围 2~3 米。全树仅 8 叶，生于树干的一端，叶形甚大，长 3~4 米，宽约 30 厘米，中段约 60 厘米，下垂于地的一端，尖锐如针，叶面满布大而有毒的刺。

▼ 捕蝇草

有，因此，他们认为世界上并不存在吃人植物。

既然植物学家没有肯定，那怎么会出现吃人植物的说法呢？艾得里安·斯莱克和其他一些学者认为，最大的可能是根据食肉植物捕捉昆虫的特性，经过想象和夸张而产生的，当然也可能是根据某些未经核实的传说而误传的。根据现在的资料已经知道，地球上确确实实存在着一类行为独特的食肉植物（亦称食虫植物），它们分布在世界各国，共有500多种，其中最著名的有猪笼草、捕蝇草和捕捉水下昆虫的狸藻等。

艾得里安·斯莱克在他的专著《食肉植物》中指出，这些植物的叶子变得非常奇特，有的像瓶子，有的像小口袋或蚌壳，也有的叶子上长满腺毛，能分泌出各种酶来消化虫子体，它们通常捕食蚊蝇类的小虫子，但有时也能“吃”掉像蜻蜓一类的大昆虫。这些食肉植物大多数生长在经常被雨水冲洗和缺少矿物质的地带，由于这些地区的土壤

▲ 毛毡苔毛绒尖端分泌出的黏液可将昆虫杀死。

呈酸性，缺乏氮素营养，因此植物根部的吸收作用不大，为了满足生存的需要，它们经历了漫长的演化过程，变成了一类能吃动物的植物。但是，艾得里安·斯莱克强调说，在迄今所知道的食肉植物中，还没有发现哪一种是像某些文章中所描述的那样：生有许多长长的枝条，行人如果不注意碰到，枝条就会紧紧地缠来，枝条上分泌出一种极黏的消化液，牢牢地把人黏住勒死，直到将人体中的营养吸收完为止。

同时，也有少数科学家认为，虽然眼下还没有足够证据说明吃人植物的存在，可是不应该武断地加以彻底否定，科学家的足迹，毕竟还没有踏遍地球上的每一个角落，也许在某个神秘的原始森林里还真存在吃人植物呢！

大的猪笼草有时竟能吃下小青蛙。

更多介绍

香港出版的《科技世界》也有类似的报道：在东非海岸地区，有一种吃人树，叫做“尼亚品脱”，它的枝条上满布锐利的尖刺，同时，叶子也非常粗厚，也是有刺的。如果人或兽不小心踩着了它，那些枝叶便要把人缠裹起来，越挣扎，越缠得紧。当然，这些报道均未被科学证实，仅为传闻而已。

捕蝇草的叶子能闭合起来，捕食苍蝇等昆虫。

植物王国之谜

在五光十色的植物世界里，隐藏着许多神秘莫测的自然现象。植物是非常神奇的，有些植物不但有听觉、嗅觉和触觉，而且还富有情感和表现音乐的才能；植物又是非常有趣的，它们也有智慧、血型、喜怒哀乐，有的爱听音乐，有的温顺，有的脾气暴躁……追本溯源，由于植物同动物一样，和人类之间存在着一些同源性，人类成为地球万物生长的主宰，植物界的发展进化无形中都受到人类的影响，与之相应，植物当中也出现一些类似的“性情”，由于认识上的局限，这些植物“密码”一时还无法破译……

科学家发现锦葵对外界的影响反应速度最快，称得上最佳“谈话”对象；秋海棠发出的声音音色完美动听，不愧为最佳“歌手”；有些植物还有嗅觉，它们能模仿吸引甲虫、苍蝇的气味，故意把自己的体温升高以导致腐烂的程度，使得整株植物臭不可闻，将甲虫和苍蝇招引过来。当植物的叶子受到摧折时，它们会表现出痛感，植物的电位测量能显示出电压的激发。如果在植物周围施放乙醚气体作“麻醉”处理，植物便会“陶醉”起来。一些植物对气候变化也会发生奇妙的反应，如马铃薯对气压的变化在两天前就有所反应；在印度尼西亚爪哇岛上的潘格兰格山上，生长着一种奇怪的花，这种花平时很少见，每当火山爆发的前一天，它就从山顶冒出来，预报火山即将爆发。

怎样解释植物在感觉等方面与动物、人类有惊人的相似之处呢？

牵牛花是迎着清晨的阳光开放的花儿，当阳光变得剧烈一点，它们就凋谢了。

有的科学家推测：这大概是因为生物都是从共同的祖先——活细胞演变而来的。如果植物的这些特异功能之谜被揭开，我们一定能让它们更好地造福于人类。

植物的神秘之处有很多，需要我们一一破解。首先是植物的睡眠之谜：植物睡眠在植物生理学中被称为睡眠运动，它不仅是一种有趣的自然现象，而且是个科学之谜。每逢晴朗的夜晚，我们只要细心观察，就会发现一些植物已发生了奇妙的变化。比如常见的合欢树，它的叶子由许多小羽片组合而成，在白天舒展而又平坦，一到夜幕降临，那无数小羽片就成双成对地折合关闭……事实上，会睡觉的植物还有很多很多，如醉浆草、白屈菜、羊角豆等。近几年，美国科学家恩瑞特在进行了一系列有趣的实验后做出了一个新的解释，他认为：在相同的环境中，能进行睡眠运动的植物生长速度较快，与其他不能进行睡眠运动的植物相比，它们具有更强的生存竞争能力。这种观点得到了比较多的科学家的认同。

其次是植物的血型之谜。日本科学家山本茂在对 500 多

▲ 锦葵对外界的影响反应速度最快。

更多介绍

植物除了上述的神秘之处外，还有“植物的返老还童之谜”“植物缠绕方向之谜”“植物舞蹈之谜”“植物听音乐之谜”“致幻植物之谜”……这些仍待人们的发现和研究。

▲ 秋海棠发出的声音、音色完美动听，不愧为最佳“歌手”。

种高等植物进行观察时注意到，植物也有类似于人类的血型。在他研究的500多种被子植物和裸子植物的种子和果实当中，有60种有O型血型，24种有B型血型，另一些植物有AB型血型。后来，人们研究证实，植物体内确实存在一类带糖基的蛋白质或多糖链，或称凝集素，有的植物的糖基恰好同人体内的血型糖基相似，如果以人体抗血清进行鉴定血型的反应，植物体内的糖基也会跟人体抗血清发生反应，从而显示出植物体糖基有相似于人的血型。比如，山茶花是O型，珊瑚树是B型，单叶枫是AB型，但是A型的植物仍然没有找到。为了搞清楚血型物质的基本作用，科学家对植物界作了深入研究，得出这样的结论：如果植物糖基合成达到一定的长度，在它的尖端就会形成血型物质，然后，合成就停止了，血型物质的黏性大，似乎还担负着保护植物体的任务。但是，植物界为什么会存在血型物质？ 为什么又找不到A型的植物？这些问题至今仍是不解之谜。

▲ 火鹤花喜暖畏寒、喜湿怕旱、喜阴忌晒。生长适温为18～25℃，临界低温为15℃。如天气太冷就不会开花。所需的相对湿度以60%以上为宜。

▼ 野生蘑菇常生长在林地苔藓层或腐木上，能分解有机物质，起到了物质循环的作用。

再次是植物的“自卫”之谜。有的植物在受到虫兽侵害之后，竟能生产“自卫”的化学武器，这种现象引起了科学

家的极大兴趣。1981 年，由于舞毒蛾的大量蔓延，美国东北部 44 万平方千米橡树林所有橡树的叶子被啃得精光。可奇怪的是，第二年那儿的舞毒蛾突然销声匿迹了，橡树叶子恢复了盎然生机，这是怎么一回事呢？ 森林科学家通过分析橡树叶子化学成分的变化，发现了一个惊人的秘密：在遭受舞毒蛾咬食之前，橡树叶子含有的单宁物质数量不多，咬食后却大量增加了。吃了含大量单宁的叶子，害虫就会浑身不舒服，行动也变得呆滞起来，这是单宁和害虫胃里蛋白质结合的结果，于是，害虫不是病死就是被鸟类吃掉。

更多介绍

在我国蜀南竹海风景区，发现有 42 株“人面竹”。人面竹的竿部圆实光滑，不长一根枝杈，梢部则有密密的竹叶，从整体上看，像少女苗条健美的身影，故称为“美人竹叶”。

橡树依靠奇妙的“自卫”战胜舞毒蛾的怪事，使人们想起发生在美国阿拉斯加原始森林里的“自卫战”。当时，大量野兔威胁着森林，使大片的森林濒于毁灭。正当人们为野兔而犯愁时，它们却突然集体生起病来，最后在森林中消失了。科学家经过分析才知道，那些被野兔咬过的树木叶芽中，含有一种叫“萜烯”的化学物质，野兔吃了就会生病、死亡。

植物也有知觉吗？不然，它们在遭受虫兽侵害后，怎么会立即产生“自卫”的反应呢？不同的植物用同一种武器对付害虫，它们之间又是怎样“约定”的？ 这是一个令人费解的谜。

植物的秘密之处，还有很多需要我们科学家做进一步的研究和发现，也许，到时候会给我们带来更多的惊喜。

荷花是圣洁的代表，更是佛教神圣净洁的象征。荷花出尘离染，清洁无瑕，故而中国人民和广大佛教信徒都以荷花“出淤泥而不染，濯清涟而不妖”的高尚品质作为激励自己洁身自好的座右铭。

候鸟迁徙之谜

鸟类迁徙是自然界中最引人注目的生物学现象之一。随着季节的变换，许多鸟儿都要在栖息地之间往返奔波，例如小燕子、鸿雁等，这些定期迁徙的鸟儿被人们称为"候鸟"。春来燕至，秋去燕归，这似乎已经成了约定俗成的规律。鸟类学家给我们带来一组数据：全世界共计有近4 000种鸟类有迁徙的习惯，每年迁徙的鸟类总数不少于100亿只。候鸟为何要迁徙呢？至今尚没有一个令人满意的答案。

鸟类为什么会按照一定的路线准确无误地来回迁徙。特别是生活在北冰洋地区的鸟类，绝大多数都属于迁徙性的候鸟。虽然生物学家已经做了大量研究，但却仍然未能揭开其中的奥秘。到目前为止，鸟类学家所提出的解释都还停留在假说的阶段。

第一种假说认为，鸟类的迁徙是由于生活条件的改变而引起的，这样可以求得最适宜的生存环境：南迁越冬，是因为北方冬日食物减少；夏日北迁，是由于北方高纬度地区日照时间长，对于寻食、育雏有许多好处。现代生物理论研究表明，鸟类的生理变化，对迁徙有一定的刺激作用。日照时间长，能刺激脑下部的睡眠中枢，引起鸟类处于兴奋状态，夜晚不安，活动加强，取食频率增加，容易积累脂肪，保证了鸟类迁徙时所需要的物质储备，同时提高了对外界刺激的敏感性，容易引起迁徙。用这一理论来解释候鸟的迁徙行为，已赢得了大多数学者的赞同。

▲ 大雁有着一年一度的迁徙，每年春分后，飞往北方，秋分后飞回南方。

◀ 排成"人"字形向南方迁徙的大雁。

“冰川学说”是对“环境适应说”的发展和延伸。科学家从地球历史的角度考虑，认为鸟类的迁徙性起源于冰川时期，因为在新生代第四纪曾发生过数次冰川运动，自北半球向南侵蚀，冰川来临，气候变冷，鸟类出于生计，被迫南迁，等冰川退化后再北归。由于冰川周期性的侵蚀和退却，候鸟类极易形成与之相适应的定期性往返的迁徙生物遗传本能，于是便世代相传，形成习性。此说的不足之处是，它不能解释为什么有的鸟类不迁徙，并且冰川期仅占鸟类生存历史的 1%，如此短暂的时间，对鸟类遗传性的形成应该是非常有限的。

现在，大部分鸟类学者认为，候鸟的迁徙是由内在因素（如遗传性）和外在因素（如光照、食物等）所引起的综合性结果，内因是迁徙的根据，外因是迁徙的条件，外因是通过内因而起作用的。当然，鸟类的迁徙不仅仅是一种被动的逃避行为，而是一种主动的，看上去像是一种有计划的周密的旅行，它们有准确的时间、路线和明白无误的目的地。小小的鸟类，为什么能够做到这一点，这也是生物学界一个悬而未解的谜题。

更多介绍

鸟类迁徙的距离从几百千米到几千千米不等。陆生候鸟不间断飞行的记录属于金斑鸟，这种鸟从阿拉斯加起飞，经太平洋上空，到夏威夷群岛越冬，途中不停留，可持续飞行 40 小时，飞行路程达 3 500 千米，振翅 20 多万次。

▼ 鸟类迁徙是鸟类随着季节变化进行的，方向确定的，有规律的长距离的迁居活动。

近年来，科学家的研究表明，鸟类有特别发达的“方位感”，能借助太阳和星辰的方位来判断局部时间，并决定迁徙的方向。有的认为，候鸟的迁徙本领是由训练和记忆完成的，因为幼鸟在跟随父母进行迁徙的过程中，沿途东张西望，不断地加强对迁徙路线的记忆。还有人认为，鸟类能感受到地球的磁场，并加以定位。有人做过实验，在有些鸟的腿上绑上一块小小的磁石，结果候鸟便迷失方向。但是，并非所有的鸟都如此，有的候鸟腿上绑了磁铁也能辨认方位。对于候鸟辨别方位的种种假说，几乎都有例外，难以自圆其说，候鸟用以判别方向的生物系统可能是相当复杂的，要把这个问题完全弄清楚，还需要继续努力。

更多介绍

来自美国加利福尼亚大学的一个科研小组在《自然》杂志上介绍说，他们研究发现候鸟对磁场非常敏感，甚至对快速变动的人造磁场也能觉察出来。

候鸟是没有“国籍”概念的，它们迁徙的路程很长，往往由这个国家飞到另一个国家，甚至由一个洲飞往另一个洲。因此，研究候鸟迁徙规律所需要积累的大量资料，单凭一个国家的能力是远远不够的，要靠全世界各国的鸟类工作者和广大的爱鸟群众共同合作。

目前，世界上常用的做法多是采用环志法。所谓环志，就是将一种特制的金属环套在鸟的腿部，环上刻有环志站及序号标记。每个环号对应着一张卡片，卡片上记载着环志号码、鸟的名称、性别及老幼、套环地点、套环日期等数据。把套上脚环的鸟释放，当它们再度被捕后，获鸟者将脚环号、捕获日期和地点，报告给环志站。这样日积月累，便可以获得鸟类的迁徙路线、时间及一些个体生态的宝贵资料，此举对于深入研究候鸟的习性有着非常重要的意义和作用。

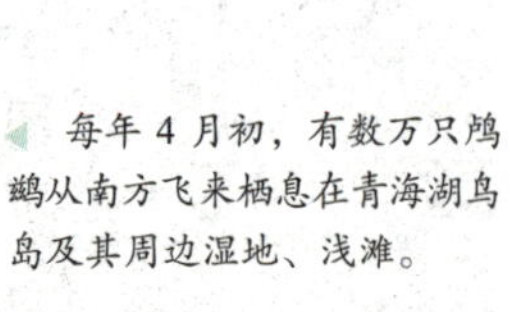

每年4月初，有数万只鸬鹚从南方飞来栖息在青海湖鸟岛及其周边湿地、浅滩。

此外，科学家们从候鸟在迁徙时表现出来的种种高超本领受到启发，研制出了许多原理相同的先进设备。航海家和航空师根据高空飞行的鸟类在迁徙时以特定方向振动的偏振光定向原理，精心制作了偏振光天文罗盘，这种罗盘在磁罗盘失灵的南极和北极上空，仍然能准确定向。

▲ 鸟类在迁徙时飞行的高度一般都在 900 米以下，小鸟则在 100 米左右。

▲ 丹顶鹤是典型的候鸟，每年随季节气候的变化，有规律地南来北往迁徙。

▲ 迁徙的速度，大都在每小时 40 ~ 80 千米，夜间比白天快，春季比秋季快。

陨石之谜

在晴朗而幽静的夜空中，有时会突然出现一道亮光划破夜空，这种飞流而逝的天象叫流星。民间也叫它贼星，意思就是不正常的星。看到流星划过夜空，一闪而逝，迷信的人就会说，一定是有什么人死了。其实，这是一种非常自然的天文现象。如果流星体没有在大气中全部燃烧气化，剩下的可以陨落或飘落到地球上来，这些来自行星际空间的“贵客”就是陨石，也叫陨星，民间还称之为“天落石”。近一个多世纪以来，由陨石引起的不解之谜也越来越多。

我们看到的流星仅仅只有豌豆大小，从地球大气圈逃逸的陨星则比它们大得多，每天至少有10颗重量超过1千克的陨星砸到地球表面，但我们几乎看不见。陨石是一种行星际物质碎片，有的如灰尘般大小，有的直径达数千米，它的轨道极不稳定，每天有无数颗砸到地球表面。据估计，每年有三四千颗陨石落到地球上，但找到的却很少。

陨石是来自地球之外的“客人”，根据陨石本身所含的化学成分的不同，大致可分为三种类型：①铁陨石，也叫陨铁，它的主要成分是铁和镍；②石铁陨石，也叫陨铁石，这类陨石较少，其中，铁镍与硅酸盐大致各占一半；③石陨石，也叫陨石，主要成分是硅酸盐，这种陨石的数目最多。

地球物理专家指出，一个相当不起眼的小行星若与地球发生碰撞，有可能会毁灭很多生命，但同时它也许会带来新的生命物质，在陨星中找到的有机碳与氨基酸等，都是生命的基石。

更多介绍

1891年，在美国亚利桑那州北部的荒漠巴林佳发现了一个直径为1 280米、深180米的巨大坑穴，坑周围有一圈高出地面40多米的土层，在坑里人们已搜集到好几吨陨铁碎片。经学者们考证，这是个“陨石坑”，它的成因让人颇觉迷惑，有人干脆叫它“恶魔之坑”。

美国亚利桑那州的陨石坑。

陨石身上有丰富的太阳系演化、物质结构和太阳系早期生命起源的信息，对它们的实验分析将有助于探求太阳系演化的奥秘。陨石是由地球上已知的化学元素组成的，在一些陨石中找到了水和多种有机物，成为“地球上的生命是陨石将生命的种子传播到地球的”这一生命起源假说的一个依据。通过对陨石中各种元素的同位素含量测定，可以推算出陨石的年龄，从而推算太阳系开始形成的时期。陨石可能是小行星、行星、大的卫星或彗星分裂后产生的碎块，它能带来这些天体的原始信息。

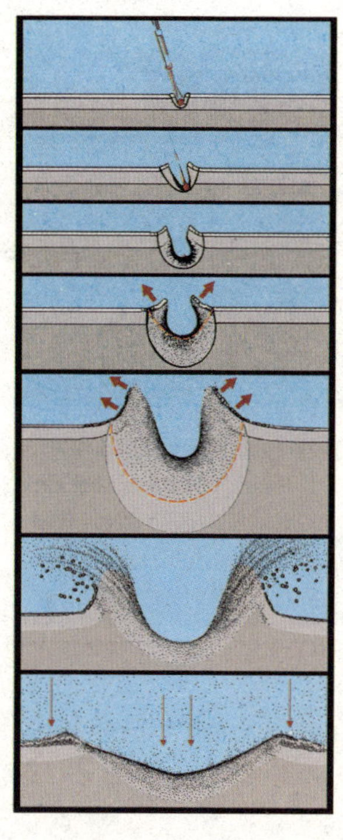

▲ 陨石形成过程

那么关于陨石的来源第一种说法是：月亮是离地球最近的一颗天体，陨石也许来自月球。可是，自从1969年美国阿波罗飞船的宇航员把第一批月岩带回地球以后，就再也没有人相信这个假说了，因为所有已知的陨石和月球上取来的岩石性质不同，甚至大相径庭。

▲ 天上掉馅饼是不可能的事情，但是陨石却是地地道道的从天而降的东西，由于它的特殊来历，使得它和黄金一样值钱。

陨石来自月球的假说被否定后不久，事情出现了戏剧化的转折。1982年，科学家在南极的阿伦丘陵发现了一块陨石，经过仔细研究，发现它竟与宇航员从月球高地上采回来

的岩石非常相似，因此，被认为是从月球上飞来的小石头。时隔不久，又有三块陨石被科学家鉴定为月球来客，同时，科学家还确定它们并非同一批到达地球，而是来自月球的不同地方。

这一发现让问题接踵而来，到底月球上的岩石有没有可能到地球上呢？许多专家对此都表示肯定，他们认为：假如有一块大陨石向月面撞去的时候，就会产生足够的动力，使几小块岩石挣脱月球的引力而飞往地球。月球上没有大气层的保护，经常受到天外来客的撞击，使月面上留下了无数个陨石坑和环形山，在频繁的撞击事故中，飞溅出一些石块到地球上应该不奇怪。

可是，事实是否真的就是这样了呢？这还需科学家们的进一步研究。

第二种说法是：陨石可能来自火星。一些研究人员对 1979 年在南极发现的一块“火星陨石”进行了分析，认为可能是一块火星上的火成岩，形成于 13 亿年前，于 1.8 亿年前在一次巨大的冲击作用中被抛离火星，后来经过长时间的“旅行”，最后来到我们的星球上。火星的逃逸速度约为地球的两倍。火星的碎块能否在一次冲击中甩开母行星的引力而逃之夭夭呢？对此，人们深感

更多介绍

最令人不解的是通古斯大爆炸。1908 年，地处西伯利亚内地的通古斯河流的上游，突然发生了惊天动地的大爆炸，使方圆 2 000 千米的树木纷纷倒下，一部分还被烧成了木炭。科学家们经过周密的调查，认定这次大爆炸是因一颗巨大的陨石坠落而造成的。可是，“通古斯陨石”既不是以惯例划下，坠落后又没有留下踪影，时至今日，也没有找到陨石坠落时形成的陨石坑。

1976 年 3 月 8 日下午 3 时，散落在吉林市的大陨石雨。共收集到 100 多块陨石，总重量达 2 700 多千克。最大的一块陨石是“吉林 1 号”，重 1 770 千克。

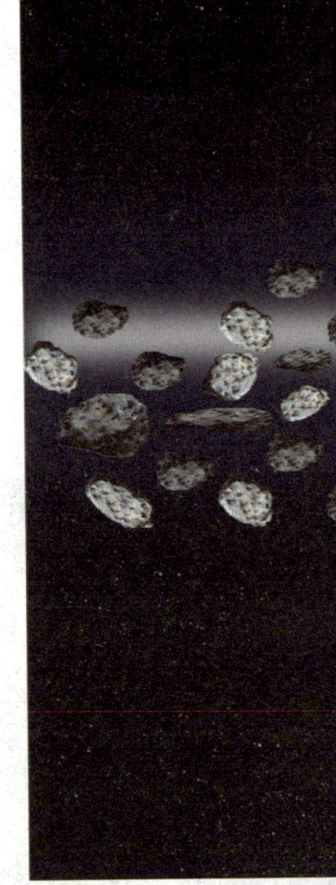

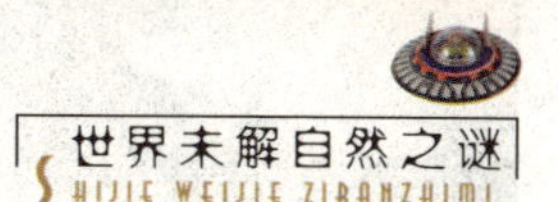

怀疑。为了证实这块陨石的身份，前几年，美国加州理工学院有两位科研人员做了计算机模拟，并用压缩气泡发射固体塑料弹进行实际试验。结果表明，在一定条件下，火星上的石子完全可以飞到地球上来，前提条件是大陨石对火星的撞击。

从实验情况看，陨石来自火星应该不成问题，但那几个被认为是火星来客的陨石，是否真的来自火星，还有待人们登陆火星采集回岩石样品，经过比较后才能下结论。

另外还有一种是：陨石是彗星的碎片，但这种观点目前只是一种推测，尚未得到证实。

▲ 陨石

▼ 电脑合成的陨石滑过地球的图片。

百慕大三角之谜

美国东岸的大西洋中有一个著名的旅游胜地——百慕大群岛，它与美国佛罗里达州的迈阿密和波多黎各的圣胡安一起形成了一个面积约100平方千米的三角区域，人称“魔鬼三角”、“死亡陷阱”、“地球的黑洞”。据统计，自1945年以来，在此失踪和死亡的人数已达1200多人，超过百艘船只及飞机在此空间离奇消失，最令人不解的是，失踪者一般不发送任何紧急信号且失踪后不留一点痕迹。也有飞行员每天经过这片海域，工作了30多年，从来发生意外。那么究竟是怎么回事呢？但愿这个世界性的谜团能够早日解开。

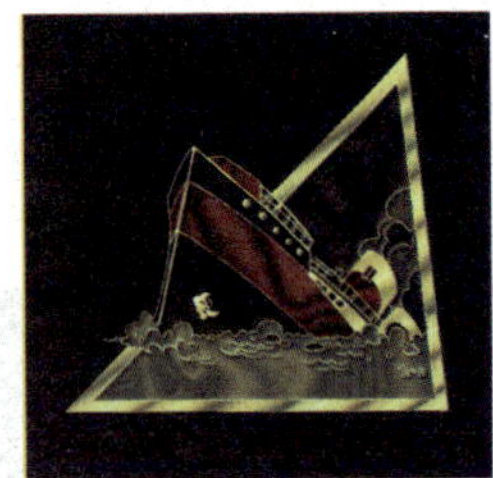

▲ 百慕大三角标志

依照许多文章的说法，“百慕大”的异常现象由来已久。最早的失踪报告出现在1840年。这一年，一艘法国远洋帆船“洛查理”号从法国出发航向古巴。离开法国几星期后，船只漂浮在百慕大三角的海面，被英国海军发现。他们上船查看，结果船上空无一人，但货舱里装载的绸缎等货物完整无损，水果仍很新鲜，也没有碰过，船上还剩下一只饿得半死的金丝雀……此后，类似失踪事件频传。

1881年，英国轮船“奥斯汀号”和另一艘船在百慕大海域航行，这时海上突然飘来一阵大雾，连几米以外的物体都看不清楚。几天以后，大雾散了，“奥斯汀号”上的船员发现另一艘船竟消失得无影无踪。

▼ 在百慕大三角地区，经常会出现船只消失的情况，这是很多人谈“角”色变的原因。

1918 年 3 月 4 日，当时美国海军最大的船只——配有先进无线电装置的“基克洛普号”，载着一万多吨的矿石及309 名船员从西印度群岛起航，驶往诺福克。当它经过百慕大海区时，还没有来得及发出任何信号，整条船便消失得无影无踪了。军方的搜寻结果指出，在失踪的海域并没有发现任何的尸体及漂流物，就好像他们掉进另外一个空间似的。

▲ 海洋旋涡能把人和船吸入海底。

1935 年，在一艘进入百慕大地区的美国船上，所有的船员都莫名其妙地消失了。随后，船也沉入了海底。

1945 年 12 月，由 5 架美国军用飞机组成的飞行中队在这里失踪，并且没有留下一丝痕迹，就连搜寻它们的飞机也下落不明。有一些失踪的轮船在几个星期或几个月之后又出现在某个地方，但是船上的所有人员都消失得无影无踪。

1948 年 1 月 29 日，一架载客 21 人的英航四引擎飞机，在飞往百慕大的途中与塔台失去联络，雷达幕上也失去了踪影，甚至连一点油污残骸都没有发现 。

1962 年，一架 KB－50 加油机从弗吉尼亚的海军基地出发，还未飞到亚速尔群岛，便葬身在茫茫大海之中。

更多介绍

近年来有一种学说是“水下金字塔”说。据称塔身上有两个巨大的洞，海水穿过这两个大洞，速度快得惊人，因此这一带经常是云雾环绕，波涛汹涌。有专家认为，建造金字塔的材料可能是含有氯化铁的石头。这些石头长期受到海浪的冲击及地磁场的极化作用，因此造成磁场异常的现象，加上海底金字塔水流的冲击，船和飞机的失事自然也在情理之中。

◀ 海底沉船成了鱼类的新家。

1972 年 9 月，美国货轮“噩梦”号航经百慕大三角，船上罗盘的指针突然猛烈摆动，船员们感到不妙，当即决定全速向西行驶，但却发现船实际上是向北行驶，怎么也纠正不了航向。后来一切恢复了正常，但那怪异的情形在水手们记忆中留下了浓重的阴影。

百慕大三角失事事件屡屡发生，甚至达到了让人谈“角”色变的程度。

面对百慕大三角发生的种种离奇事件，科学家们对此进行了认真而深入的研究，不同的人提出了不同的解释，真可谓五花八门。

有人说，这是“特殊的海底水文现象”。百慕大群岛的海底地貌十分复杂，从而造成了其特有的不定向洋流，进而形成巨大的旋涡，因此导致轮船失事。然而，海底水文现象只能作用于海上航行的船只，对这一海域空中的飞机屡屡失踪就无法解释了。还有人称这是“磁场引力”造成的。百慕大海底有着巨大的磁场，因此会导致过往的飞机和轮船罗盘失灵。这种说法曾得到不少人的支持，但对于这里的强大磁场究竟是怎样产生的又难以阐释，有人据此推想是百慕大海下有一条巨大的天然“水桥”而形成的磁场引力，但“水桥”的存在终究是一种假说，这一说法还有待于进一步证实。

更有甚者说“魔鬼三角”原是外星人在海底安装的强大信号系统，这些信号系统发出的信号严重干扰了船只和飞机的导航系统，损坏了人的神经系统，船只和飞机自然会失去正确的航向。为了证实这一点，美国科学家借助各种现代仪器的监视，指挥一艘驱逐舰快速驶过百慕大海区。结果，军舰受到干扰，葬身鱼腹。

更多介绍

“百慕大魔鬼三角”之所以在西方成为家喻户晓的恐怖、神秘地带，完全在于大量文章、书籍、电影的鼓吹。最早对“百慕大三角”进行渲染的，恐怕要数合众社在 1950 年 9 月 16 日那天发表的一篇文章，文章声称“在佛罗里达海岸和百慕大之间，船只和飞机神秘失踪”。该文的作者琼斯可被视为“百慕大魔鬼三角之父”了。

▲ 尽管百慕大三角区吞噬了大量的飞机和船只，但百慕大群岛的人们却照样生活得悠闲自得。

▲ 神秘的百慕大三角区也被很多人认为是外星人经常光顾的基地。

▶ 1945 年，美国海军第 19 中队的 5 架“复仇者”轰炸机在百慕大神秘失踪，这是美国空军史上的巨大灾难。

除此之外，还存在有“神秘力量”“黑洞说”“超重物质的吸引”“四维空间”“时空收缩论”等观点，这些观点表面看都有一定的道理，可惜仅仅是假说而已，都没有科学依据作支撑。

在人们为百慕大三角的神秘现象争论不休的时候，有人却对百慕大神秘现象是否真的存在持怀疑态度。美国亚利桑那州立大学图书馆员拉里·库舍在1975年，写了一本名为《百慕大三角的神秘——已解》的书，书中提出了对百慕大神秘现象置疑的十条证据。他认为：沉船十分平常，百慕大之谜根本不存在。

如今，还有人将百慕大“死亡三角”列为20世纪十大科学骗局之首，称其为“众多科学骗局中影响最大且流传最广的一例”。

看来，不仅人们津津乐道的百慕大神秘现象是谜，这种神秘现象是否存在也成了个谜。恐怖的百慕大三角，谜一般的大三角……至于真相何时能够大白于天下，这或许又是另一个谜。

▲ 人们对百慕大三角之谜的想象图。

▼ 百慕大群岛是世界上人口最稠密的地区之一。

贝加尔湖之谜

贝加尔湖是亚欧大陆最大的淡水湖，也是世界上最深、蓄水量最大的湖。这里曾是中国古代北方民族的活动区域，传说汉代苏武牧羊就在此地；元代的时候，中国人曾把贝加尔湖称为“北海”。对居住在它周围的布里雅特人来说，贝加尔湖是一个“圣海”，然而对科学家来说，它则是一个拥有许多自然之谜的“疑案”。从18世纪到今天，科学家们已经用10多种文字，在20多个国家里出版了2 500多部有关贝加尔湖的著作。关于湖里生长的海洋生物从何而来，至今仍是众说纷纭。

▲ 卫星上拍摄到的贝加尔湖地貌。

“贝加尔”一词源于布里亚特语中的“贝加尔达赖”，意为天然之海。这里地貌基本的形成据说大约在2 500万年前。由于湖下面存在着巨大的地热异常带，所以火山与地震频频发生，据统计湖区每年约发生大小地震2 000次。在外力作用下，地壳岩层发生了大断裂，一大块土地塌陷下去，形成了巨大的盆地，那里所有的动物、植物都葬身地下，只有急流的河川没有消失，向着盆地飞奔而去，形成了瀑布，不断地注入盆地。因此，很多人都把贝加尔湖当做最古老的湖泊，看来此话非虚。

▼ 贝加尔湖湖水清澈见底。

事实上，贝加尔湖并不是海，它是一个地地道道的湖泊，不仅如此，它还是亚欧大陆上最大的淡水湖，也是世界上最深和蓄水量最大的湖，湖面海拔 456 米，总蓄水量 23 600 立方千米，相当于北美洲五大湖蓄水量的总和，约占全球淡水湖总蓄水量的 1/5，比整个波罗的海的水量还要多。

贝加尔湖湖型狭长弯曲，宛如一轮明月镶嵌在西伯利亚南缘。它长 636 千米，平均宽 48 千米，最宽 79.4 千米，面积 31 500 平方千米，位居世界第八；湖水平均深度 730 米，最深点可达 1 620 米，比许多大海还要深！在贝加尔湖的周围，有色楞格河等大大小小 336 条河流千百万年来源源不断地流入湖中，而从湖中流出的河流，仅一条安加拉河，向北流去，奔向叶尼塞河。

科学家们曾做过几个有趣的假设：假如没有其他河流注入贝加尔湖，而以安加拉河目前的年平均流量流出，需要 40 年才能把贝加尔湖水流干；假如全世界的主要河流均向贝加尔湖注入，则需大约 1 年时间才能灌满，该湖的水可供 50 亿人饮用半个世纪。

通过调查，科学家们发现贝加尔湖蕴藏着丰富的生物资源，如今这里已经发展成了俄罗斯的主要渔场之一，湖中一共有 600 种植物和 1 200 种动物，世界上任何一个淡

更多介绍

贝加尔湖拥有不染之身，湖水澄澈清冽，透明度达 40.8 米，仅次于透明度达 41.6 米的日本北海道的摩周湖。这里发展成了著名的旅游胜地，连俄国作家契诃夫都曾有这样的赞叹：“贝加尔湖异常美丽，难怪西伯利亚人不称它为湖，而称它为海。湖水清澈透明，透过水面像透过空气一样，一切历历在目，温柔碧绿的水令人赏心悦目，岸上群山连绵，森林覆盖。”

在贝加尔湖里生活着世界上唯一的淡水海豹。

水湖里都没有这么多，其中有 1 083 种还是独一无二的特有品种。最使科学家感兴趣的是生物的古老性，许多淡水生物在西伯利亚的其他江河湖泊里已找不到踪迹，只有在几千万年前甚至几亿年前的地层里才有它的化石，更令人奇怪的是，很多生物要到相隔甚远的地方才能找到。湖里有一种藓虫，它的近亲生活在印度的湖泊里；还有一种水蛭，只能在中国南方淡水湖里才能有幸见到；长臂虾则在北美洲有它的同伴；一种蛤子仅出现在巴尔干半岛的奥克里德湖。

此外，贝加尔湖的湖水一点咸味也没有，可湖里却生活着地地道道的海洋生物：海豹、海螺、海绵、龙虾等。贝加尔湖底有一种 1 ~ 15 米高、长成浓密的丛林似的海绵，在任何湖泊里是找不到的，数不清的怪模怪样的龙虾，就躲藏在这个丛林里。著名的贝加尔鲨鱼，白色无鳞，大而透明的鱼鳍像蜻蜓的翅膀，专吃小虾，不产卵，能直接产下小鲨鱼来。贝加尔海豹从前特别多，喜欢成群结队活动，现在每年仍然可以捕获约 5 000 头。一般的鲟鱼都生活在沿海，而贝加尔鲟鱼已经完全变成了淡水鱼类，春天，它们逆江而上，到河里去产卵，然后仍然回到冰凉的贝加尔湖里来。它们从来不游到海里去，这片宽广的水域已经代替了它的故乡。这一切都无法解释，难怪古代的西伯利亚人叫它“谜语之海”呢。

贝加尔湖有“生物博物馆”的美称，这里有 64%的动植物是在世界任何地方都找不到的。科学家们认为，在几百万年以前，像贝加尔湖中的许多特殊的淡水生物，在世界各地都有，但经过漫长的岁月和大自然的严

海螺

贝加尔湖有各种各样的植物和动物，其中 3/4 是在世界其他地方寻觅不到的。

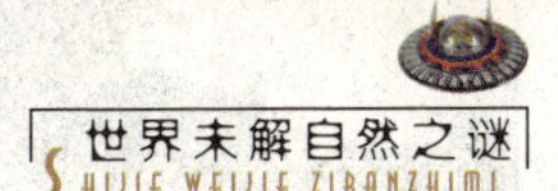

酷袭击，它们差不多都被无情地淘汰灭绝了，今天，我们只能在地球上某些环境条件较好的角落里找到它们的身影。贝加尔湖就是这样一个“世外桃源”，它没有受过第四纪冰川的袭击，成为第三纪淡水动物的天然避难所，并且还发展了许多新的品种。然而，那些典型的海洋生物，又是通过什么方式和在什么时候悄悄进入贝加尔湖的呢？对此，科学家们作了种种推测。

一些科学家提出假说，他们认为海洋生物是从北冰洋沿着河流进入贝加尔湖的。不过，有人反对说，有些生物的海洋特性，不可能是后来在淡水湖中获得的，于是许多人就采取了折中的看法：少数生物如海豹等，是从北冰洋游进来的“不速之客”，而其他一些所谓的“海洋生物”，则是贝加尔湖特定环境之中生成的。

关于贝加尔湖特有的生物来源，至今没有水落石出，这个谜就像贝加尔湖本身一样，变幻莫测。

更多介绍

科学家们在研究过程中还发现贝加尔湖底有洞穴和裂缝，地底热气从这些洞、缝中不断泄漏出来，致使附近的水温增至10℃左右——此种“水底温泉”仅在海洋中才有，以前在任何淡水湖中均未发现过，因此，科学家们认为，贝加尔湖有渐渐变为“海”的趋势。

▼ 贝加尔湖不仅有难解的自然之谜，而且湖区远离现代化工业的污染和喧嚣，自然环境优美，最可贵的是，它原始淳朴的生态环境并未受到过多的人文气息的侵蚀。

好望角风暴之谜

翻开世界地图，我们不难发现，非洲大陆就像一个大楔子，深深地嵌入大西洋和印度洋之间，这个“楔子”的最尖端，就是曾经令无数航海家望而生畏的风暴之角——“好望角”。这里一年365天当中，至少有100多天狂风怒号，海浪滔天。最平静的日子里，海浪也有2米高，更不用说起风的时候，浪高6米以上，有时甚至高达15米！好望角附近经常发生海难事故，遇难海船和人员难以计数，甚至连它的发现人葡萄牙著名探险家迪亚士也葬身于此，许多人因此而称好望角是“船员的坟墓”。

迪亚士的船队首次到达好望角。

1487年7月，32岁的航海家迪亚士奉葡萄牙国王之命，率3艘探险船沿非洲西海岸南下，踏上了驶往印度洋的未知之路。当船队到了南纬33°的地方时，突然遇上了风暴，在海上漂泊了13个昼夜。风暴停息以后，迪亚士决定向东航行，可一连行驶了好几天仍未发现非洲西海岸的影子，迪亚士凭着丰富的航海经验推断，船队已在风暴中绕过了非洲的最南端。于是船队改变航向朝正北航行，几天之后果然看见了东西走向的海岸线和一个海湾(即今南非的莫塞尔湾)。但船员们都不愿继续东行冒险，迪亚士只好率船队返航。返航途中接近一个伸入海中的海角，不料风暴再次降临，海面巨浪滔天。船队在风浪中经过两天奋力拼搏，才绕过骇人的海角，驶进风平浪静的非洲西海岸。望着令人生畏的海角，迪亚士将它命名为“风暴角”。

画家笔下的好望角船只失事的油画。

有关"好望角"一名的由来有着多种说法。一种常见的说法为迪亚士等人经历了千辛万苦于1488年12月回到里斯本，国王约翰二世亲自接见了他，并向他询问了这次探险的经历。迪亚士一五一十地向国王讲述了历经磨难以及发现风暴角的经过。国王认为"风暴角"的名字不吉利，既然风暴角位于通往印度的航线上，看到了风暴角便看到了希望，于是就将"风暴角"改名为"好望角"。另一种说法是达·伽马自印度满载而归后，当时的葡萄牙国王才将"风暴角"易名为"好望角"，以示绕过此海角就带来了好运。

无论怎样，好望角并没有因为改名而变得驯服。由于地理位置特殊，这一海域几乎终年大风大浪，遇难海船难以计数，以致有"好望角，好望不好过"的说法。1500年，连好望角的发现者——迪亚士也不幸在好望角附近的海面上丧生。仅20世纪70年代，好望角一带就有10多艘万吨货轮遇难。

更多介绍

在众多沉船事故中，一艘名叫"世界荣誉"号的油轮，它的沉没最令人感到意外。那一次，"世界荣誉"号装载着49 000吨原油从"石油之国"科威特驶往位于欧洲西南部的西班牙。这艘巨轮设备先进，船体坚固，船员们的经验十分丰富，真正称得上是世界一流船只、一流水手。照理说，这一趟航行是极为安全的。但最终的结果是，海面上除了厚厚的一层原油，什么都没有留下。

好望角是非洲大陆西南端的著名岬角。

好望角一带屡出意外，引起了世界的震惊。在连接红海和地中海的苏伊士运河开凿以前，这里是大西洋和印度洋之间航运的必经之路，即使在今天，37 万吨以上的巨轮也还是要绕到好望角！西欧和美国所需要的石油，一半以上需用超级油轮经好望角运送。

更多介绍

有丰富航海经验的海员都知道好望角的暴风特别多，不论时节，总会遇到强劲的西风和狂浪。这是为什么呢？原来，绕好望角的航道接近南纬 40°，正好处在副热带高压带和副极地低压带之间。从副热带高压带流向副极地低压带的空气，在地球偏向力作用下，南半球吹西北风。由于这一带的气流偏转较大，所产生的风多接近西风，因此人们称之为“盛行西风带”。

石油运输线上黄金枢纽的重要地位，使得人们对好望角风暴的成因相当重视。经过许多年的研究，科学家最终将造成好望角附近海域风浪大的原因归纳为“西风带说”和“海流说”两种。

有些人认为，好望角附近海域风浪大是由于西风造成的。好望角位于非洲大陆的西南端，它像一个箭头突入大西洋和印度洋的会合处，因为它恰恰位于西风带上，所以当地经常刮 11 级以上的大风，大风激起了巨浪，经过的船只就处在危险之中了。

“西风带说”的理论固然吸引人，但它存在一个致命伤，因为这种学说不能解释在不刮西风的时候，为什么海浪还是如此之大。一年 365 天，并非天天刮西风，刮西风时海浪可能被风激得很高，但不刮西风时，海浪还是那么大，那又该如何解释呢？

针对这一点，美国一位科学家提出了另一种学说——“海流说”。这位科学家分析了多起在好望角附近海域发生的海难事故，他发现，每次发生事故时，海浪总是从西南扑向东北方，而遇难船只的行驶方向是从东北向西南，也就是说，船行的方

好望角是世界著名的旅游胜地之一，也是规模很大的自然保护区。

向正好和海浪袭来的方向相反，船是顶浪行驶的。该科学家还实地调查了当地的海流情况，他发现，好望角附近水下的海流与船只行驶的方向是相同的，换句话说，海底的海流推动船只顶着海浪前进，几股力量的共同作用造成船毁人亡。

▲ 好望角岩石上的蜥蜴

然而，“海浪说”和“西风带说”一样，也存在着不足，比如，海水是流动的，很难断定，在一年365天中，海流的方向也保持恒定，然而，不管是什么日子，船一到好望角附近的海面，马上就落入危险的境地，这又是为什么？科学家们很难自圆其说。直到现在，好望角附近的海面仍在无情地吞没不幸的船只。

巨人岛之谜

在遥远的西印度群岛中，有一个神秘的岛屿叫马提尼克岛。岛上有着非常奇怪的现象，不仅当地居民们一个个身材高大，就是到岛上定居的外地人，哪怕已经停止成长的成年人，也会毫无例外地长高几厘米。这里仿佛是一个童话中的巨人国，所有的这一切到底是为什么呢？我们不得而知。

在加勒比海上，有个叫马提尼克的神奇小岛。从1948年起10年左右的时间内，岛上出现了一种令人迷惑不解的奇异现象：岛上居住的成年男女都长高了10多厘米，成年男子平均身高达1.90米，成年女子平均身高也超过1.74米。岛上的青年男子如果身高不到1.80米，就会被同伴们耻笑为“矮子”。

更多介绍

法国科学家格莱华64岁时和他57岁的助手在岛上生活两年，两人分别增高8厘米和6.5厘米. 因此，该岛被称为“长人”岛。

更为奇特的是：不仅岛上的土著居民，而且成年的外人到该岛来居住一段时间后也会很快长高。来此探索的科学家也在两年的生活之后平均长高5.1厘米，旅居两个月的年过花甲的老太太也长高了3厘米。真是令人惊奇。由于生活在该岛上的成年人甚至老年人的身材能长高，因而此岛被称为巨人岛。

岛上的人是巨人，植物也是巨形植物，岛上的动物的增长也尤为迅速。比如该岛的老鼠一般有猫那么大. 岛上的蚂蚁、苍蝇、甲虫、蜥蜴和蛇等，从1948年起10年左右的时间里，相比通常的尺寸都增长了8倍。

为了解开巨人岛之谜，许多科学家千里跋涉，来到该岛进行长期探测和考察，提出了多种假说和猜测。有些人认为，在1948年，可能有一只飞碟或是其他天外来物坠落在该岛的比利山区，而使该岛生物迅速增长的一种性质不明的辐射光，很可能就是来自埋藏在该岛比利山区地下的飞碟或其他天外来物的残骸。但一些科学家对上述说法持怀疑和否定态度，因为世界上究竟有没有飞碟或

马提尼克岛的风光

岛上的居民身材长得很高，而从国外来的游客，只要住上一个时期，也会长高几厘米。因此，人们称马提尼克岛为“矮子的乐园”。

其他天外来物，到目前为止仍然是一个难以解答的谜。还有一些科学家认为，是由于这个海岛上埋藏着大量的放射性矿物，这种放射性物质能使人体内部机能发生某种特别的变化，从而使人身体增高。另外一些科学家又发表了新的观点。他们认为，这里地心引力小是使人长高的原因。因为，前苏联两名宇航员在礼炮二号联盟号轨道复合体居留半年之后，每人身高都增加了 3 厘米，就是失重和引力减少的结果。遗憾的是这两种理论都不足以使人们信服。如果放射性物质作用于人体会使人长高，为什么长年生活和工作在放射性物质旁边的人不见长高？如果引力小能使人长高，为什么地球上引力小的地方却没有形成第二个巨人国呢？

巨人岛的奥秘究竟是什么？至今仍是一个谜。

马提尼克岛位于安的列斯群岛中向风群岛的最北部。是向风群岛中最大的、多火山的和风景如画的岛屿。

人类起源之谜

人类是怎样起源的，这个人类思考了千百年的充满魅力的问题，被德国科学家海克尔称为宇宙之谜中的一个大谜，它与宇宙的起源、地球的起源、生命的起源并称为“四大起源之谜”。从古至今，人们一直追寻着这个问题的答案。在达尔文创立科学的进化论以前，人类的起源都被编织在神话与宗教里，许多人甚至笃信人是神的杰作。根据达尔文的说法，人是从古猿进化而来的，但是他本人也未能弄清人类究竟是怎样从古猿进化而来的。

▲ 达尔文

“人类的起源”有两层含义：一是人类的起源；二是现代人的起源。

关于现代人的起源，有两种理论：一种是“单一地区起源说”，这种理论认为现代人是某一地区的早期智人“侵入”世界各地而形成的，这个地区过去被认为是亚洲西部，近年来则变为非洲南部；另一种是“多地区起源说”，这种理论认为亚、非、欧各洲的现代人，都是当地的早期智人以及猿人演化而来的。

人类的历史究竟有多久？随着新的猿类化石和人类化石的发现，人们对这个问题的认识也在不断发展和变化。19

▼ 森林古猿及其生活的想象图

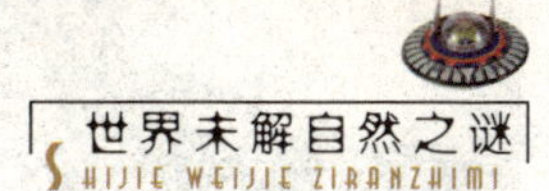

世纪上半叶以前，欧洲流行的仍然是“上帝造人”的说法，很少有人想到人类的历史会超过几千年之久。

根据现有的化石和分子人类学等各方面的资料，人类起源的时间估计在距今大约 700 万年前，而南方古猿最早的年代为距今 440 万年，其间还存在着几百万年的巨大空白，至今也未找到过渡种类的化石。

达尔文早在 1871 年就指出，人类的诞生地是非洲。他的理由是：人类最近的动物亲属——大猩猩和黑猩猩这两种猿类，如今都生存在非洲。

达尔文的这一观点被人们所蔑视，人们认为如此高贵的人类，只能起源于欧洲或亚洲。

但是，从 1924 年起，先是在南非汤恩发现了南方古猿的化石，以后在南非的其他几个地方和东非的不少地点，又发现了多种南方古猿类的化石。它们的形态远比猿人（直立人）更为原始，年代远比猿人更早，因而确立了人类起源于非洲的论点。

总之，人类的起源是一个涉及世界各地的事件，也是一个较长的历史过程。为了避免误导读者，我们不应混淆整体与局部的概念，更不能仅根据一个国家或一个地区的某一项发掘结果，就对其作出结论性的判断。

更多介绍

当代的考古科学告诉我们，人类的进化时间表是：古猿（1 400 万~800 万年前）、南猿（400 万~190 万年前）、猿人（170 万~20 万年前）。由此来看，古猿与南猿间空缺 400 万年，南猿与猿人间空缺 20 万年，其间进化的关键阶段至今未找到过渡种类的化石，因此，科学家们对于人类起源产生了怀疑。

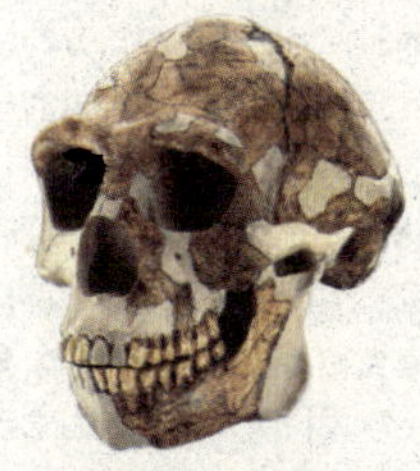

尼安德特人头骨

南方猿人头骨

克罗马头人头骨

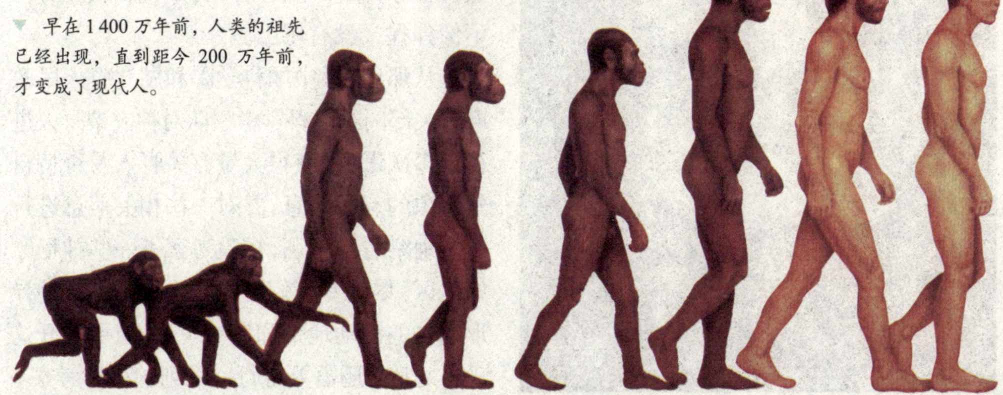

早在 1400 万年前，人类的祖先已经出现，直到距今 200 万年前，才变成了现代人。

神农架野人之谜

“野人”是世界四大谜团之一，世界许多地方都流传着与之相关的传说。在我国湖北的神农架林区，“野人”之谜由来已久。之所以称之为谜，是因为几十年以来，仅神农架林区范围内，目击野人已达100多次，约300余人称看到过100多个野人的活动形象。为了证实这个谜团，我国有关部门还多次煞费苦心地组织“野人”科学考察，但是，至今未找到过野人存在的实物证据。和许多自然之谜一样，恐怕神农架“野人”也会成为永远的谜。

更多介绍

在世界范围内，将近100年的时间里，曾有数以万计的人目睹过一种与人类相似的巨型动物。在北美洲，人们叫它“大脚怪”；蒙古叫它阿尔玛斯；印度和尼泊尔叫它雪人、耶提或索克帕；西伯利亚叫它朱朱耶、雪人；在澳大利亚叫它约威尔、哈克；在非洲肯尼亚叫它X。

位于湖北省西部的神农架，层峦叠嶂，沟壑纵横，山势雄伟，这是一片古老而神奇的土地，因中华民族的伟大始祖神农氏搭架采药而闻名于世。这里充斥着蛮荒的历史、诡异的传说和神奇的生物世界，有一种令人难以抗拒的魅力，特别是神农架有没有“野人”的问题，一直众说纷纭，这个久未解开的谜团更为神农架增添了浓郁的神秘色彩。

神农架地区自古以来就有广泛流传的“野人”传说，在鄂西北山区，历代地方志中，都有“野人”出没的记载。“房山高限幽远，石洞如房，多毛人，长丈余”，“房陵有猎人善射，矢无虚发，一日遇猿，凡七十余发，皆不能中，猿乃长辑而去，因弃弓不复猎”等等诸多描述，这里提到的猿似乎就是当今人们俗称的野人。

在神农架山区，目击野人的群众干部达数百人之多。据目击者回忆，动物毛色鲜红，腿长，大腿粗小腿细，前肢短，眼像人，眉骨突出，脸上大下小，嘴略突出，但不像猩猩，没有尾巴。

从那以后，中国科学院和湖北省人民政府有关部门组织科学考察队对神农架野人进行了多次考察，获得大量有关野人及奇特自然现象的有关信息，并对一些相关信息进行了实地察看与考证，探险考察了一些神秘原始地区。尽管专家们已经初步了解了这种异形动物的活动地带和活动规律，但要揭开这千古之谜，还需要进行一系列的科学考察。

▲ 传说中的神农架野人

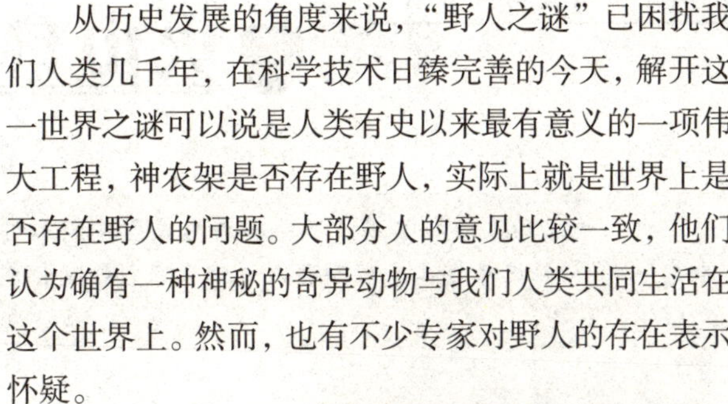

从历史发展的角度来说，“野人之谜”已困扰我们人类几千年，在科学技术日臻完善的今天，解开这一世界之谜可以说是人类有史以来最有意义的一项伟大工程，神农架是否存在野人，实际上就是世界上是否存在野人的问题。大部分人的意见比较一致，他们认为确有一种神秘的奇异动物与我们人类共同生活在这个世界上。然而，也有不少专家对野人的存在表示怀疑。

▲ “野人”一步的跨度要大于寻常人许多。

▲ 国外学者将“野人”脚印与人做对比。

▼ 神农架神农祭坛的主体建筑——神农巨型牛首人身雕像。

火山口上的冰川之谜

火山喷发的火焰与冰川移动的冰块构成瓦特那冰川变幻莫测的气氛。人们都说“水火不相容”，但是在这世界上又的确存在这一现象，到底它是怎么形成的呢？至今仍然是一个未解的谜。

▲ 空中拍摄的瓦特纳冰川地貌。

如果你搭乘飞机鸟瞰欧洲的瓦特那冰川，偶尔就可以看见一种蔚为奇观的景象：有一个湛蓝的湖直径 3 千米，湖水是由冰冠底下隆隆作响的格里姆火山融化的冰块而来；湖泊经常被冰覆盖，但湖水藏在冰块下，仍然保持着融化的状态。初冬的阳光和风霜替冰川刻画了万千条纹理，曲曲折折，令它面目一新。在晨曦和夕阳下，冰冠犹如沐浴在火焰之中：在不停移动的冰块深层里，融水形成了透明如镜的洞穴，渗入冰洞幻化成不同层次的蓝色，发出点点晶莹的光芒。上百条冰川河夹杂着由高地冲下来的污秽火山泥石，从冰川鼻破裂的冰层下冲涌出来，激流的翻滚声或冰块坠落的隆隆声随时可闻……

▼ 人们在冰岛上“泡温泉”。

你一定非常惊讶这一现象，可是在冰岛的巨大冰原瓦特那冰川上，冰块之多几乎相当于整个欧洲其他冰川的总和。它覆盖的面积差不多等于威尔士或美国新泽西州的一半，其平滑的冠部更伸展出许多条巨大的冰舌。在上次冰河时期的 200 万年间，冰岛上的火山表被厚逾 1 600 米的冰川凿开，冰期在约 1 万年前才宣告结束。

冰岛的心脏地带满

▲ 湖泊、冰山和山地构成了冰岛最大的冰冠——瓦特纳冰原景色的特点。

更多介绍

地壳之下100～150千米处，有一个“液态区”，区内存在着高温、高压下含气体挥发的熔融状硅酸盐物质，即岩浆。它一旦从地壳薄弱的地段冲出地表，就形成了火山。

布火山、火山口及熔岩，1/10的土地被熔岩覆盖着。这些熔岩是由200个火山爆发时所喷出来的。冰川大约以每年800米的速率流转入较温暖的山谷中，当它在崎岖的岩床上滚动时，裂开而形成冰隙。冰块抵达低地时逐渐融化消失，留下由山上刮削下来的岩石和砂砾。

但是火山口上为什么会有冰川呢？两者怎么能够共同存在一起，真是令人百思不得其解，直到目前我们的科学家还没有一个圆满的解释。

▲ 融解中的浮冰

◀ 瓦特纳冰原上喷出气体和水蒸气的火山口。

富士山之谜

富士山是日本的最高峰，海拔 3 776 米，是典型的圆锥形休眠火山，冬季半山腰以上均被大雪覆盖，雪景为富士山增添了一份美丽，成为日本的象征之一。富士山像一座巨大完美的圆锥，天气晴朗时，站在富士山上可以看日出和云海，风光旖旎秀丽，这里也是旅游胜地，一年四季都吸引着游人，凡来日本的外国游客也都慕名前往，一览富士风光。但是它的形成至今还是一个谜。

更多介绍

说起日本，人们都会想起富士山平顶山头上的皑皑白雪，想到富士山脚下奔驰的新干线列车。在人们的印象中，富士山与雪是密不可分的。富士山是日本的代表景物，它的雄浑与素雅、平实与高洁成为人们赞美的主题。日本的许多文学作品诗画故事都描绘过这座美丽的山。

作为日本的象征，富士山的名气不在世界上任何一座名山之下，千百年来它一直是日本最著名的旅游胜地。除此以外，它还是日本人心目中的“圣山”，有着神秘而特殊的地位。

富士山海拔高度为 3 776 米，为日本第一高山。山顶一年有 10 个月被白雪覆盖。在夏季的两个月中，山坡上仍然能见到片片积雪。富士山是一座休眠火山，历史上有记载的第一次爆发是在公元 800 年，而最近的一次则是在 1707 年，当时的剧烈喷发让 100 多千米外的江户（即今天的东京）都笼罩上了一层厚厚的火山灰，而环绕富士山周围的广阔平原也一直有强烈的火山活动。

关于富士山的传说很多。根据日本佛教传说，富士山是

▼ 富士山鸟瞰图

在公元前 286 年一夜间形成的。当时地面裂开，形成了今天日本最大的巴瓦湖，富士山则由挤出的泥土堆成。传说并非毫无因由，富士山的形成原理和传说中大致相同，只不过当然不是形成于一夜，年代也可以上溯到至少 1 万年前。

▲ 空中拍摄的富士山地貌。

也有人说富士山是由于剧烈的地震运动形成的,距今已 1 500 万年 ~ 1 000 万年。

还有人说是由于火山爆发形成的，因为有时熔岩会从副火山口喷出，在山坡上形成所谓的寄生火山锥。但在一些成层火山山坡上，并无寄生火山锥破坏外观，而许多成层火山，就形成了日本的富士山，更以几近完美的对称山形著称于世。

种种的学说数不胜数，但具体富士山是如何形成的，目前还没有定论。

死亡公路之谜

大西洋海域中的百慕大三角区，是世人皆知的恐怖地带。由于它神秘莫测，多次发生飞机、船舶失踪事件，被称为“魔鬼三角区”。其实，在地球上像这样的地方不止一处，也并非都在海洋中，陆地上也同样有让人心惊胆战的地方。

在美国爱达荷州的州立公路上，离因支姆麦克蒙 14.5 千米处，也有一个被司机们称之为爱达荷魔鬼三角地的恐怖翻车地带。正常行驶的车辆一旦进入这一地带就会突然被一股看不见的神秘力量抛向空中，随后又被重重地摔到地上，造成车毁人亡的惨重事故。

据统计，在这同一地点，已有 17 条性命被以同样的方式断送掉。

在波兰首都华沙附近有一个地方，也是一个叫司机们感到头疼的恐怖之地。有时候，司机们驾驶着汽车来到这里，就会忽然感到脑袋昏沉沉的，好像是吃了什么迷幻药似的，

▼ 美国爱达荷州的州立公路。这一段路表面看上去极平常，但这貌似平常的路段经常使过往的汽车失控，是汽车的死亡陷阱。

结果造成了车毁人亡的事故。所以，司机们走到这个地方的时候，宁愿多走一些冤枉路，也不敢从这里经过。非但如此，就连猪、狗这样一些动物也不愿意在这个地方停留。因为它们只要在这个地方一停留，就会昏昏沉沉。不过，像猫、鸟、蛇这样的小动物在这个地方却生活得很好。

在中国的兰州至新疆公路430千米处，不但翻车事故频繁发生，而且翻车的原因也神秘莫测。每年少则发生十几起事故，多则二三十起。尽管司机严加提防，仍事故不断。交通部多次改建这段公路，但仍然无法阻止不断发生的事故，真可谓是恐怖的死亡公路。

面对这发生着许多怪事的地方，人们总想了解产生这种现象的原因，科学工作者们也试图作出一个合理的解释。

他们对这里进行了考察，结果认为：这些现象的产生是由于地下水脉辐射的影响造成的。这地下水脉有何与众不同，它为何能够产生如此巨大威力的辐射？人们能改变这种影响正常生活的怪现象吗？这些都是科学工作者难以回答的问题。

更多介绍

生长在波兰首都华沙附近这个地方的植物分成了两种。苹果树、枣树、杜鹃花这样的植物，在这里根本活不成，种下去没有多少日子就会死掉。可是，像枫树、柳树、桃树这样的植物，却在这里生长得枝繁叶茂。

▲ 魔鬼谷失事的汽车残骸。

▼ 美国亚利桑那州的魔鬼谷。其强大的磁场经常使过往的车辆和飞机发生奇怪的事故。

秦始皇陵之谜

秦始皇陵位于西安以东30千米的骊山北麓，南依骊山，层峦叠嶂，山林葱郁；北临渭水，逶迤曲转，银蛇横卧。高大的坟冢在巍巍峰峦环抱之中与骊山浑然一体，景色优美，环境独秀。它也是中国古代封建帝王陵墓中规模最大、保存较好的一座陵园，建设时间长达39年，但这期间同时也埋藏着世人难解的秘密……

更多介绍

1949年以后，中国考古工作者对秦始皇陵进行了探察，尤其是在秦兵马俑发现之后。考古工作者在地宫周围打了两百多个探洞，只发现了2个盗洞，一个在陵东北，一个在陵西侧，盗洞直径约90厘米，深达9米，但离陵中心还差250米，都没进入地宫。

秦始皇陵的布局和结构完全仿照秦都咸阳设计建造，高大的封土丘之下的地宫象征着富丽堂皇的皇宫，陵园的内城和外城象征着咸阳的宫城和外郭城。陵园和从葬区总面积达66.25平方千米，比现在的西安城区的面积还要大一倍多。

秦始皇自13岁即位就开始为他在骊山修建陵墓，统一六国后，又从各地征发了10万多人继续修建，直到他50岁死去，共修了37年。据史书记载，秦始皇陵挖于泉水之下，然后用铜法浇铸加固。墓宫中修建了宫殿楼阁和百官相见的位次，放满了奇珍异宝。为了防范盗窃，墓室内设有一触即发的弩机暗箭。墓室穹顶上饰有宝石明珠，象征着天体星辰；下面是百种、五岳和九州的地理形势，用机械灌输了水银，象征江河大海川流不息，上面浮着金质的野鸡；墓室内点燃着用鲸鱼油制成的“长明灯”。陵墓周围布置了巨型兵马俑阵。陵墓的设计，处处体现了这位始皇帝至高无上的权力和威严。公元前210年，秦始皇暴死于沙丘平台（今河北平乡）。死后2个月，尸体运回咸阳，举行丧葬仪式。入葬时，秦二世胡亥下令，将秦始皇的宫女一律殉葬，修造陵墓的工匠也一律殉葬墓中。

1987年12月，秦始皇陵及兵马俑被列入《世界遗产名录》。

据《汉书》和《水经注》记载，秦始皇陵于公元前206年被项羽凿毁。北魏郦道元在其《水经注》中说，项羽入咸阳之后，以30万人运了30天还没有把东西运完。以后，关东盗贼又将铜棺窃去。后又有牧羊人因寻找遗失的羊，持火把进入墓穴，不慎失火，将陵墓彻底烧毁，说大火延续烧了90天都没灭。这种说法广为流传。

但也有人认为司马迁写《史记》时，距秦始皇入葬仅百余年。《史记》中有专门篇章论述秦始皇，但对陵墓被毁一事，却只字未提，而600年后的郦道元却做了详细记述，这不能不令人生疑。

根据封土层未被掘动、地宫宫墙无破坏痕迹以及地宫中水银有规律分布等情况，可以得出地宫基本完好、未遭严重破坏和盗掘的结论。班固、郦道元所说的项羽掘墓、地宫失火之说是不可靠的。据估计，当年项羽盗毁的可能是陵园的附属建筑。如确实如此，秦始皇陵又将是一座举世无双的地下宫殿。

▼ 秦始皇兵马俑

艾尔斯石之谜

艾尔斯石位于澳洲中部沙漠地区，是一座长约 3 000 米，宽约 2 000 米，基围 9 000 米，高 340 米的巨石。东高宽，西低狭，形似巨型卧兽。更奇特的是其光滑的表面，能随着观赏角度距离和天气的变化而呈现不同的艳丽色彩，神秘而迷人。

▲ 一天当中，当阳光从不同角度照射巨石时，巨石会变出许多不同的颜色。艾尔斯巨石的多变色，现仍为不解之谜。

在澳大利亚中部茫茫荒原上的沙漠里，耸立着一块奇异的石头——艾尔斯石。它从一望无边的平地上拔地而起，长 3 480 米，高 318 米，底部周长约 9 000 米，是世界上最大的独块岩石。由于它的巨大和所处位置的开阔，在 100 千米以外的地方，人们就能遥遥望到它的踪影。它是 5 亿年前地壳运动中形成的山脉在漫长的岁月里被不停剥蚀后留下的残体。

1873 年，一位来自南澳洲名叫威廉·克里斯蒂·高斯的探险家首次登上岩顶，遂以当时南澳洲总理亨利·艾尔斯的名字命名这座石山。巨石表面经长期雨剥风蚀，形成无数条沟纹，

很像海豹柔软的毛皮。

但令它出名的不仅是其巨大，更是它的奇特：在不同的时间和季节里，巨石能自己变换颜色。旭日东升时，巨石披上浅红色盛装；到了中午，变成橙黄色；傍晚夕阳西下时巨石呈深红或紫色，在蔚蓝的天空下犹如熊熊的火焰在燃烧；夜幕降临时，它又匆匆换上黄褐色的“夜礼服”，展示着另一番风姿；阵雨后，复呈银灰略黑之色。当地的土著视其为神石，几千年以来他们一直依靠巨石颜色的变化来安排生活和农事。他们有无数关于神石的传说，更增添了它的梦幻色彩。土著的传说认为祖先将神石传给他们，是用来守护家园的。

▲ 巨石曾经是土著亚波利吉尼亚人举行祭典的圣地，留下不少珍贵的岩画和壁雕。

地质学家勘探了神石的所在地后，认为这里曾是一片湿润的沼泽地，因为地壳运动、地貌改变，最终变成了干旱的沙漠，仅仅留下神石脚下的一处泉眼。另一些科学家却认为神石是远古时代的一颗流星陨石，它接受着所有光芒，光滑的表面又从不同角度、不同时间对光进行折射，因而造成了色彩变幻的奇迹。

事实果真如此吗？土著们固守着祖先的承诺，旅游者也在变换着他们的传说，而艾尔斯石仍旧是一个美丽的不解之谜。

▲ 空中拍摄的艾尔斯巨石地貌图片。

闪电之谜

闪电对我们来说是司空见惯的现象。夏天，当天空乌云密布时，时常会雷声隆隆、电光闪闪，但是关于它的形成以及它的种种奇怪表现至今还是一个难解的谜。

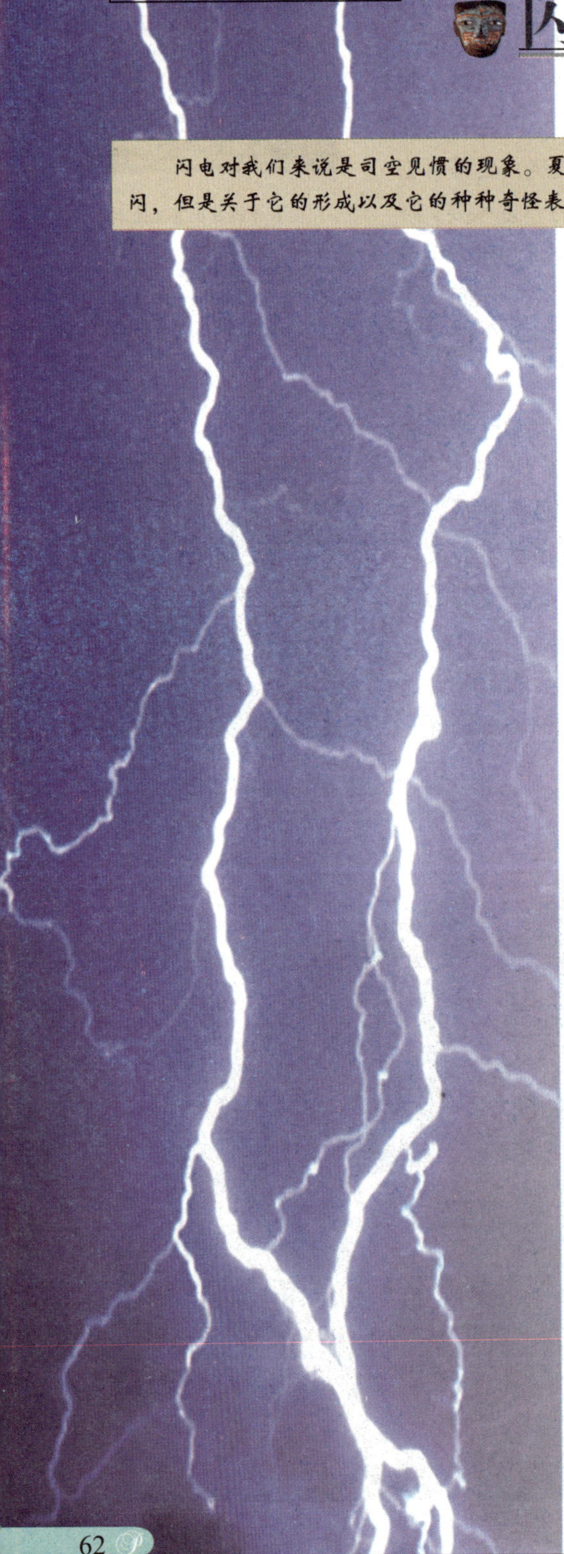

18世纪以前，中国古代认为雷电是雷公、电母制造出来的。西方人相信雷电是上帝发怒的结果，谁做坏事，上帝就用雷电来惩罚他。因此人们对雷电总怀有恐惧心理。一些不相信上帝的有识之士试图解释雷电的起因。最早探索出雷电奥秘的是美国科学家富兰克林。他用风筝做实验，证明了天上的电与地上的电是相同的，“闪电就是电火花”。但时至今日，科学家们仍然没有完全弄明白雷电到底是怎么产生的。翻腾不息的云朵为什么会带上大量的正、负电荷。要求得这个问题的答案，比在雷雨天时放风筝，把雷电引到地面上来困难得多。

为了揭开闪电之谜，科学家把气球放到雷电云层中进行探测；派飞机围绕雷电云层飞行，甚至穿越雷电云层；用火箭触发闪电，等等。但是通过这些活动，对雷电的了解仍是微不足道。

科学家们发现：在多数情况下，雷电云层的厚度超过3 000米才可能产生闪电。云层上部往往带正电，云层底部带负电。当正、负电荷间的电场足够强时，就击穿空气，产生闪电。一般而言，云层越厚，雷电越激烈。但是，到底是什么驱使正、负电荷分开的呢？不少科学家认为，降雨可能是个原因。他们解释说：下落的大雨滴或冰球携带负电荷，而像小尘粒和冰晶这样的带正电的微粒就在云层上部积累起来，结果就使云层上部带正电，下部带

▲ 球状闪电一般是直径 10 ~ 20 厘米的火球。

更多介绍

球状闪电是一种奇特的自然现象。一般闪电都是呈枝条状，球状闪电则呈圆球状；一般闪电只能存在百分之几秒，最多不超过几秒，而球状闪电却能存在好几分钟；一般闪电有固定的路径，球状闪电却能像幽灵般地四处飘荡，游移不定。它到底是怎么形成的呢？科学界对此尚无定论。

负电，产生了足以引起闪电的电场。但这种解释难免牵强，因为闪电经常发生在降雨之前，而不全是降雨后或降雨过程中。另外，也无法解释在火山爆发时为何也会产生闪电现象。

于是，有人又提出另一种看法：认为雷电云的电荷是在云层外产生的，大气中的过量正电荷被吸附到上部云层里，它们又吸引云层上方大气中的负电荷，这些负电荷就附着在不断被气流裹挟而下的云粒上。正负电荷的分离正是这些上下运动的剧烈气流在起作用。

然而，这一假说也并未得到证实。看来要解释清楚这一自然现象，还需要进一步了解雷电云的内部作用过程，才能令人满意地解释闪电现象。但即使这一问题解决了，也还有其他的问题有待去弄清楚。例如，为何闪电通常总是怪模怪样地呈“之”字形？为什么闪电更多地发生在陆地上而不是水面上？为什么闪电通常会击毁高处的物体等等，这都需要我们做出解答。

▲ 此画描绘的是人们刚发现球状闪电时那种惊慌的表情。

▲ 埃菲尔铁塔可以阻止闪电，因为金属通常起到很好的避雷针的效果。

鸣沙之谜

鸣沙，就是会发出声响的沙子。鸣沙，是世界上普遍存在的一种自然现象。美国的长岛、马萨诸塞湾、威尔斯两岸；英国的诺森伯兰海岸；丹麦的波恩贺尔姆岛；波兰的科尔堡；还有蒙古戈壁滩、智利阿塔卡玛沙漠、沙特阿拉伯的一些沙滩和沙漠，都会发出奇特的声响。据说，世界上已经发现了100多种类似的沙滩和沙漠，只是它的成因至今还是一个难解的谜。

更多介绍

1979年，中国有一个叫马玉明的学者提出了新的见解。他认为，鸣沙的“共鸣箱”不在地下，而是在地面上的空气里边。

所谓鸣沙，并非自鸣，而是因人沿沙面滑落而产生鸣响，是自然现象中的一种奇观，有人将之誉为“天地间的奇响，自然中美妙的乐章”。

鸣沙，又叫做“响沙”“消沙”和“音乐沙”。人们发现，鸣沙一般都在海滩或者沙漠里边。鸣沙发出来的声响，一般都是在风和日丽或者刮大风，要不就是有人在沙子上边滑动。在潮湿的天气、雨天和冬天的时候，鸣沙一般都不会发出声响。另外，人们还发现，只有直径是0.3～0.5毫米洁净的石英沙，才能够发出声响，而且沙粒越干燥声响越大。

鸣沙是世界上普遍存在的一种自然现象。据说，世界上已经发现了100多处类似的沙滩和沙漠。到底是什么原因使得沙子发出各种各样的声响呢？科学家经过认真仔细的研究

甘肃的鸣沙山

和试验，提出了各种各样的看法。

有的人认为，沙粒和沙粒之间的空隙有空气，空气在运动的时候，就构成了一个个“音箱”。当沙丘崩塌以后，空气在空隙之间出出进进，就会引起空气的振动。当空气振动的频率恰好与这个无形的“音箱”产生共鸣的时候，就会发出声响。

有的人认为，由于不同的风向长期吹动着沙粒，使这些沙粒变得大小均匀。非常洁净，也具有了好像蜂窝一样的孔洞。鸣沙能发出声响，可能就是由这种具有独特表面结构的沙粒之间的摩擦共振造成的。

前苏联一个名叫马里科夫斯基的科学家，在考察了前苏联卡尔岗上的鸣沙以后，提出了这样一种看法。他认为，每个沙丘的内部，都有一个又密集又潮湿的沙土层，它的深度是随着雨水的多少而改变的。夏天的时候，这个潮湿层就比较深，它被上面的沙土层全部覆盖了起来，潮湿层的底下又是干燥的沙土层，这就可能构成一个天然的共鸣箱。当沙丘崩塌、沙粒沿着斜坡往下滑动的时候，干燥沙粒的振动波传到潮湿层的时候，就会引发共鸣，使得沙粒的声音扩大无数倍而发出巨大的声响。

总之，关于沙子发声的原因，众说纷纭，莫衷一是，难以定论。

大象坟场之谜

人们几乎从来没有发现过象在老死以后留下的尸体。在国外人们传说，大象有自己的坟场，当年老的象预感到自己将要死亡的时候，就孤独地离开伙伴，走向密林深处，那里人迹罕至，却有自己祖辈葬身的坟场。它们在那里直待到最后一刻。这只是个传说，没有依据，所以它至今还是一个谜。

更多介绍

据非洲肯尼亚的一位酋长说，他有一次因打猎迷了路，无意中走到一个白骨累累的岩洞里。从骨架的大小和形状看来，应该是大象留下的。他还亲眼看见一只大象摇摇晃晃走进来，倒在地上死去。

提起大象这种动物你一定会想到它那高大强壮的身材，长长的但却很灵活的鼻子……其实，它还是一种很有灵性的动物。

传说大象能够预知自己的死期，当老象知道大限将至时，就会偷偷离开象群，独自隐藏到密林幽谷中的大象坟场，在那里等待死亡的来临。数百年来，只要有大象活动的地方就有类似的传说存在。的确，虽然大象身躯庞大，但从没有人见过野象的尸体，它们都到哪儿去了呢？至今还没人能圆满地回答出来。

那么传说中的大象坟场究竟存不存在呢？大象也有坟地吗？

有人认为这只是某些偷猎者编出来的谎言，以此掩盖捕猎大象的罪行。20 世纪 20 年代就曾发生过这样的惨剧：一

传说当老象知道大限将至时，就会偷偷离开象群，独自隐藏到密林幽谷中的大象坟场，在那里等待死亡的来临。

群大象遭到欧洲探险者们的重重围猎，又不巧正遇上森林大火，整个象群无一幸免。探险者因此得到了大批象牙，为掩人耳目，他们就捏造了发现大象坟场的故事。

有的人认为，现在由于人类活动范围扩大，大象的生存环境改变了，难以找到不为人知的坟场，习性有了改变，所以出现“就地埋葬”的情况，这并不能说明大象过去没有坟场。

▲ 大象真的能够预知自己的死期吗？

有些动物学家就曾经目击到大象的葬礼。象群在死去的同伴周围围成一圈进行哀悼，然后用长牙挖出深坑，用鼻子卷起石头将尸体掩埋起来。但被埋葬的都是母象或幼象，长着珍贵象牙的老公象的尸体却从来就没被发现过。面对这些又该做如何解释呢？

也有人认为它们临死前都到了沼泽地里，所以人们无法发现它们的尸体。

假设上面的学说成立，但是，大象又是怎么知道自己死期的呢？这又是一个难解的谜。也许在不久的未来，在我们的努力探索和发现下，将会把它们一一破解。

▼ 神情悲伤的大象

鹦鹉学舌之谜

鹦鹉学舌之谜从古到今都引起了人们的莫大兴趣，在我国的古书中还记载着不少关于鹦鹉能言的神秘传说。鹦鹉真能说话吗？至今还不得而知。

从古到今，鹦鹉学舌的出色本领，引起人们的莫大兴趣。相传唐代时，长安富豪杨崇义在家中被杀，地方官到他家中检查，一只笼中鹦鹉忽然开口说话，念叨一个叫“李 ”的姓名。地方官心生疑云，一查，李是杨家邻居，便带来盘问，果然是凶手。鹦鹉因报案 有功，被唐明皇赐了个“绿衣使者”的封号。

类似的事在国外也有发生。1984 年 3 月，美联社曾报道一则新闻：在美国得克萨斯州的贝敦，某人家夜晚被撬窃。受害者报告警察说，他家被盗窃时，有一只鹦鹉在场；被盗以后，鹦鹉不断重复这样一句话：“到这儿来，罗伯特，到这儿来，罗尼。”根据鹦鹉提供的这两个名字，加上从现场取得的指纹，警察很快就破了案，抓住了两个惯犯，一个名叫罗伯特，一个名叫罗尼。

这些故事，常常使人们感到迷惑：这些聪明的鸟儿，是

更多介绍

1981 年，美国曾举行过一次别开生面的动物“说话”比赛。赛场上，数千只各色鸟儿竞相学舌，一只名叫普鲁德尔的非洲灰鹦鹉夺得冠军。它一口气“说”了 1 000 个不同的英语单词。

▼ 从古到今，鹦鹉学舌的出色本领，引起人们的莫大兴趣。

▲ 鹦鹉在自然界中占有非常重要的地位。全世界大约有300多种，分布在大洋洲、亚非大陆和中南美大陆。

否真的懂得所“说”话语的含义？

大多数科学家对此持否定态度。他们指出，鹦鹉和其他鸟类的学舌，仅仅是一种仿效行为，也叫效鸣。鸟类没有发达的大脑皮层，鸣叫的中枢位于比较低级的纹状体组织。因而它们不可能真正懂得人类语言的含义。

然而，还有少数科学家在继续探索。他们认为，鹦鹉说话并不是纯粹的生搬硬套，也不是传统意义的“人云亦云”。在教鹦鹉学单词时，选择能引起它兴趣的东西，如闪闪发光的钥匙，它喜欢啄的木片、软木等，这样可以提高它的学习兴趣。鹦鹉在认识了一些物品后，无论怎样改变其形状，它都能认出来，而且还会使用“触类旁通”的方法。认识某种颜色后，它会说出从未见过的某东西的颜色。鹦鹉学了不少词汇后，便能够把一些词组合起来，用来描述从未见到的东西。这说明它已经具有了初步的分类概念和词语组合能力。鹦鹉没有发达的大脑来思维，但它能说出一些未被教过的东西的名字，难道它真的懂得所说“话”的含义吗？这有待于科学论证。

▼ 鹦鹉作为宠物鸟类，其中很多种类都被人们作为公园以及家庭的观赏鸟类进行驯养和繁殖。

南海迷宫之谜

古希腊神话传说中曾有一个“米诺斯王宫”。相传，它是戴达鲁斯神为米诺斯王所建。宫殿结构复杂，千门百室，由于廊道迂回曲折，人入其中往往迷途不得出。米诺斯王宫又称“南海迷宫”。但关键的问题是，“南海迷宫”究竟在什么地方?

更多介绍

墙上的壁画有斗牛戏的内容，这些也许和希腊神话中所说的南海迷宫和宫中饲养的吃童男童女的人头牛身怪物米诺牛的情节隐隐约约相符合。在宫殿的长廊中，还有表现国王、贵族活动和集合的壁画。

传说中的米诺斯王国位于希腊的克里特岛。它是爱琴海中的最大岛屿，位于爱琴海的南部，是地中海交通的要冲。它东西长约 260 千米，南北间最宽处约有 55 千米，最窄处也有 12 千米。岛屿总面积为 8 252 平方千米，土地肥沃，气候温和，适于发展畜牧业和农业。此外非常重要的是，它邻近埃及和西亚这些古代早期文明的发源地。这些得天独厚的地理条件，极有可能使克里特岛成为希腊最早进入文明时代的地区。

1900 年，英国考古学家阿瑟·伊文思和他率领的考古队来到了地中海的克里特岛，他们想找出传说中有关迷宫的历史古迹。经过三年的艰苦发掘，他们终于在克里特岛的克诺萨斯发现了米诺斯王宫的遗址和大量文物，找到了迷宫。迷宫坐落在克诺萨斯一座叫做凯夫拉山的缓坡上，占地面积

米诺斯王宫内部复原图

22 000 平方米，有大小宫室 1 500 多间，周围曾经古木参天。迷宫有东宫和西宫，有国宝殿、王后寝宫、有宗教意义的双斧宫、楼房、贮藏室、仓库等组成。占地 1 400 平方米的长方形中央庭院把东宫和西宫联结为一个整体。位于高坡地位的西宫大部分宫室是三层建筑。这些华丽的建筑物之间，有长廊、门厅、通道和阶梯相连，可谓是曲径通幽。

克里特岛米诺斯王宫的御座室

王宫墙壁上的壁画保持着艳丽的色彩，其中的一个房间里还藏着国王的印章以及无数的黄金和宝石。这些壁画历经 3 000 多年，但刚出土时，还色泽鲜艳。宫殿的北边是一个露天广场， 南边则是一系列狭长的仓库， 仓库里盛满了粮食、酒以及战车和兵器。

在迷宫中，他们还发现了 2 000 多块泥板，上面刻着许多由线条构成的文字 ，记录着米诺斯人的文明程度。在一些印章和器皿上也发现了一样的文字，后人学者称它为线形文字。

米诺斯王宫复原图

由于地下迷宫的发现，人们发现了公元前 15 世纪曾有过的灿烂文明，这一文明被后人誉为“克里特文化”。

人们百思不得其解：米诺斯王宫到底是什么年代的产物，为何它能保存得如此完整？ 大约在公元前 1500 年的时候， 他们为什么抛弃自己的宫殿于不顾，撒手而去。米诺斯文化也从此戛然而止。后来从这里出土的泥板文字证明，接着统治这里的已经换成了迈锡尼人。但是迈锡尼人又为何不去享用这座宫殿呢?

这一切都是一个谜，将有待于我们的解答。

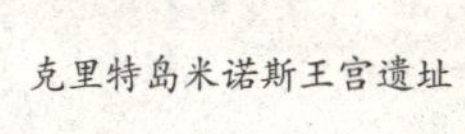

克里特岛米诺斯王宫遗址

迈锡尼文明之谜

迈锡尼考古的进行，使荷马的优美的诗句又一次回响在迈锡尼的废墟中。堙没已久的迈锡尼文明在一代又一代考古学家的努力下，向人们展现了辉煌灿烂的面目。“多金的”迈锡尼成了考古史上继特洛伊之后的又一个传奇。

更多介绍

迈锡尼文明是19世纪末由海因里希·施里曼于发掘迈锡尼（1874年）的过程中重现天日的。施里曼相信自己找到了荷马史诗《伊利亚特》和《奥德赛》中所描写的世界。在一个迈锡尼的墓穴中，他将所发现的一个金箔面具命名为“阿伽门农面具”。

迈锡尼文明是希腊青铜时代晚期的文明，时间为公元前1600年~1200年，由伯罗奔尼撒半岛的迈锡尼城而得名。据推测它也许是后来希腊城邦文明的起源与根基。

公元前1500年上下，在迈锡尼已经形成了奴隶制国家。在这一时期，迈锡尼与克里特就有相当激烈的竞争，但是迈锡尼有了更新的进步：他们掌握了成熟的建筑技术，用石头建立了牢固的宫殿、城堡；因为生产力的发展，金属冶炼及手工业品制造已经达到而且超过克里特的技术水平，这体现在他们的黄金装饰制品中；陶器也远销埃及、腓尼基与塞浦路斯及特洛伊等地。此外，迈锡尼文明还掌握了成熟的航海技术，他们跨海征服克里特，远征小亚细亚半岛的特洛伊。

“迈锡尼文明”是希腊本土上第一支十分发达的文明。在“迈锡尼文明”时期，希腊人已经开始使用青铜器，并且

特洛伊战争

▲ 阿伽门农神殿遗址

已有了文字。迈锡尼人不断向海外扩张势力，他们在商业利益上和特洛伊人发生了大的冲突，最终导致了历时十年之久的“特洛伊战争”。希腊人尽管在那次战争中获得胜利，可是不久之后，“迈锡尼文明”却遭到了毁灭。

▲ 迈锡尼遗址出土的阿伽门农黄金面具。

可到底谁是这一文明的创造者？它最终是被谁毁灭的？这一直是个争论不休的话题。从公元前 1200 年开始，迈锡尼文明的众多城邦被毁灭，最终以至于线形文字 B 也失传了，同时许多的技术也在此期间失传。自从迈锡尼的文字被识读，他们属于希腊人已经不成问题，而迈锡尼文明和米诺斯文明曾经相互影响也是不争的事实。人们还相信迈锡尼的繁荣来自与其他国家的广泛贸易，所以为这一文明作出了贡献的应该不只是一个民族的人们。

迈锡尼文明毁灭通常被认为是由于希腊大陆上多利安人的入侵导致的，显然迈锡尼文明比多利安人更先进，而多利安人如何组织起强大的攻击能力也不清楚。而另一种可能是迈锡尼文明被更先进的文明所毁灭，而多利安人是乘机迁入的。因此迈锡尼文明的建立和覆灭至今还是一个谜。

▼ 迈锡尼遗址

庞培城灭亡之谜

庞培又译作庞贝，意大利语 Pompeï，是一座古罗马的城市，位于那波利湾的岸边（北纬 40°45'，东经 14°29'），以纪念古罗马政治及军事家庞培而得名。庞培于公元前 79 年 8 月 24 日被维苏威火山爆发时的火山灰覆盖，至今在它身上仍有许多难解的谜……

更多介绍

庞培为我们今天提供了一个宝贵的历史的一瞬。通过对庞培的挖掘，历史学家和考古学家了解到了许多 1 世纪罗马人的生活情况。在火山爆发的那一刻，庞培是一座繁华兴旺的城市。1997 年，庞培考古区被列为世界文化遗产。

在罗马古籍上，记录着一个叫庞培的古城，但它究竟在哪里，又是怎么消失的，一直是个谜。

意大利西南海岸，有一座巍峨的高山——维苏威火山。一天，一位意大利农民在维苏威火山西南 8 千米的地方修筑水渠时，从地下挖出一些古罗马钱币和一些经过雕琢的大理石块，这引起了人们对这一地区的关注。不久，有人又在附近挖出刻有“庞培”字样的石块。从 1748 年开始，考古工作者在这一地区进行了有计划的挖掘，经过大约两百年的时间，终于使这座在地下沉睡了 1 900 年的罗马古城——庞培——露出“庐山真面目”。

原来，庞培城是一个面积只有 1.8 平方千米的小城，四周有坚固的石砌城墙围绕，城墙四周的总长度为 4 800 米，有 8 座高大的城门。城内有石块铺成的大街小巷，有笔直的马路，两层楼的长方形建筑物，前面饰有精制雕像的水池，供奴隶主们使用的舒适浴室。还有一座可容 2 万观众的角斗场和一座体育场。庞培古城，反映出公元 1 世纪时罗马奴隶制经济文化发展盛况，庞培古城的发现，为人们留下了一座研究古罗马的历史博物馆。

▲ 考古学家在发掘时，发现人体留下来的空壳。后来有人向这些空壳中注入石膏，制成许多和真人一样形状的石膏像，再现出了受难者当时那种绝望和痛苦的表情。

这座历史古城，又是怎么沉睡在地下的呢？那是公元前 79 年 8 月 24 日下午，庞培城的人们都在正常地生活着，维苏威火山突然爆发了，火山爆发的刹那间，天昏地暗，地动山摇，一向平静的那不勒斯湾也激起了汹涌的波涛。火山爆发喷出的熔岩，凝成的石块和火山灰，把大地盖上了厚厚的一层。这时，倾盆大雨引起了山洪，山洪挟带着大量的石块和火山灰，形成了一股巨大的泥石流，从山上向下冲滚而来。很快地将这座地处维苏威火山南麓的庞培小城淹没，大约有两千多庞培居民遇难。随着时间的流逝，庞培古城也就在人们的记忆里消失了。

庞培是今天世界上唯一的一座构造完全与当时建筑相符的城市，它一点变化也没有。但是当时庞培城距离火山还有一定的距离，那么城里的人们为什么没有利用时间逃走呢？他们是被火山爆发时所产生的毒气致死吗？亦或是被大量的粉尘窒息而死？这一切我们都不得而知，也许不久的将来我们会把它一一破解。

▶ 油画《庞培城的末日》生动再现了庞培城的苦难经历。

恐龙灭绝之谜

在人们心目中，恐龙是一种神奇而古老的动物。它们出现在距今两亿多年前的中生代，到侏罗纪时期，发展到顶峰，成为动物界的霸主。侏罗纪——这个恐龙的世纪，在距今6500万年前的中生代末期，这种曾经统治地球长达1.5亿年的庞大动物类群却突然惨遭覆灭进而销声匿迹。如今，人们看到的只是留下的大批恐龙化石，恐龙灭绝的原因仍是一个不解之谜，留待人们不断地探索和研究。

更多介绍

恐龙生活的年代距今非常久远，人们对它们的研究完全依靠发掘的恐龙化石所提供的讯息。

恐龙灭绝之谜，一直是人类关心的话题，科学家们通过深入研究提出的主张也是五花八门，比较有代表性的有以下几种。

小行星撞击说：1979年，美国加州大学伯克利分校著名物理学家路易斯·阿尔瓦雷兹，提出了著名的“小行星撞击说”，这种观点如今得到越来越多科学家的支持。据说，在恐龙生活的年代，天外有颗小行星撞击了地球，引起了大爆炸。有的科学家认为，这次爆炸使所有恐龙都灭绝了。但是也有一些科学家认为，只有70%的恐龙在当时灭绝，其他的一些恐龙种类则勉强躲过了劫难，可是在随后的几百万年里又逐渐灭绝了。这一种说法并不是没有道

在小行星撞击地球之前，恐龙们惊恐四散而逃的情景。

▲ 恐龙世界处于鼎盛时期。

理，因为在6 500万年前的这次事件以后形成的地层里，仍有一些恐龙骨骼被发现。例如，美国新墨西哥州6 000万年前上下的地层中就曾经发现了恐龙的残骸。类似这样的现象似乎说明，在这次小行星撞击地球引起的大爆炸以后，仍然有一些恐龙挣扎着生活了几百万年的时间，最后才因不适应新的气候和新的环境而最终相继灭绝。

气候变化说：持这种观点的科学家认为，恐龙家族的绝灭与地壳变动密切相关。当地球内部进行的反应不断积聚起巨大能量而地壳承受不住时，内部压力便冲破地壳突然释放，形成大爆发。一时间，空中布满灰尘，阳光惨淡，大气污染，气候的变化很大，强烈的季节性气候占据优势。持续变冷或持续极热，对恐龙造成极大的威胁，因为恐龙是温血动物，不能像恒温动物那样调节体温，维持生命，在恐龙体内温度调节失灵后，大批恐龙被冻死或者热死。又因为恐龙躯体庞大，与小巧的蛇、龟和蜥蜴等不同，无法钻孔或爬进洞穴以躲避恶劣的气候突击，而惨遭灭顶之灾。加之植物的大量死亡，恐龙生存所需的食物金字塔也随之倒塌，找不到大量的食物，适应能力不强的恐龙只有活活饿死。到后来，由于食物之争，恐龙同类间互相残杀，也加剧了它们的灭

亡。这种解释是目前科学界比较认可的一种看法。

优胜劣汰说：有的科学家依据达尔文的进化论，对恐龙灭绝的原因，提出了优胜劣汰的学说。他们认为，导致恐龙最终灭绝的原因是由于恐龙自身种族的老化以及在与新兴的哺乳动物的进化竞争当中的失败。几千万年前，当恐龙雄霸天下的时候，一种新兴的高等动物——哺乳动物悄然崛起。它们以自身能够隔热和保温的皮毛、脂肪层，高度发达的大脑及幼子的高成活率等优越条件，成功地适应了地球环境的变化，而威风一时的恐龙却在这场残酷的生存竞争中败下阵来，从而退出生存的历史舞台。

▲ 恐龙蛋化石

生物周期性灭绝说：有部分科学家认为，地球上类似恐龙这种生物大灭绝是周期性发生的，预计的周期是大约每隔2 600万年会在地球上上演一次。他们的理由是：太阳也和银河系中大多数的恒星一样，属于双星系统，它有一颗人类从未见过的神秘伴星，这颗伴星约每隔2 600万～3 000万年，就会从太阳系的外面经过。受其影响，冥王星周围飘荡着的近十亿颗彗星和小行星就会脱离原来的轨道，组成流星雨进入太阳系，这个过程中难免会有一两颗相互撞击或落在地球，致使一些生物遭受灭顶之灾，恐龙正是这个周期里的牺牲品。

更多介绍

对恐龙化石的研究始于19世纪。1824年英国自然学家巴克兰命名了世界上第一种恐龙：巨齿龙。1825年英国人曼特尔命名了另外一种恐龙：禽龙。直到1841年，英国学者欧文首次提出“恐龙”一词，把这些形态独特的古代动物都归入了一个新的类群：恐龙。

新星爆炸说：据科学家们计算，大概距今7 000万年前，就在距太阳系仅32光年的地方，发生了一次非常罕见的超

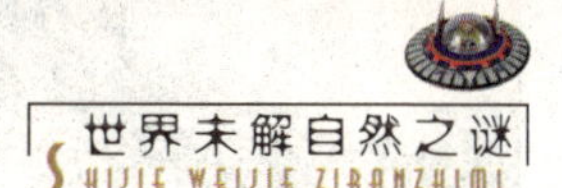

新星爆炸。其爆发释放出来的巨大能量和许多宇宙射线殃及了包括地球在内的整个太阳系，地球的臭氧层和电磁层完全被强烈的辐射摧毁了，地球上所有的生物在宇宙射线的强烈侵蚀下惨死，身体庞大的恐龙在这场“飞来横祸”中也未能幸免。

▲ 恐龙化石

另类主张：尽管恐龙的灭绝原因被各国的科学家炒得沸沸扬扬，但却有人在此问题上提出了另类的主张。他们认为恐龙并未灭绝，而是进化成鸟类了，现代的鸟类，从蜂鸟到鸵鸟，统统是恐龙的后代。在印度尼西亚的科莫多岛，生活着一种头像蛇、身体像蜥蜴、四肢短粗、体态庞大的名叫科莫多龙的动物，被人们认为是史前恐龙的后裔。在非洲加蓬，土人们经常看到一种类似史前蜥龙的巨兽，皮肤呈红棕色，脖子长达 3 米，出没在当地的沼泽地带。

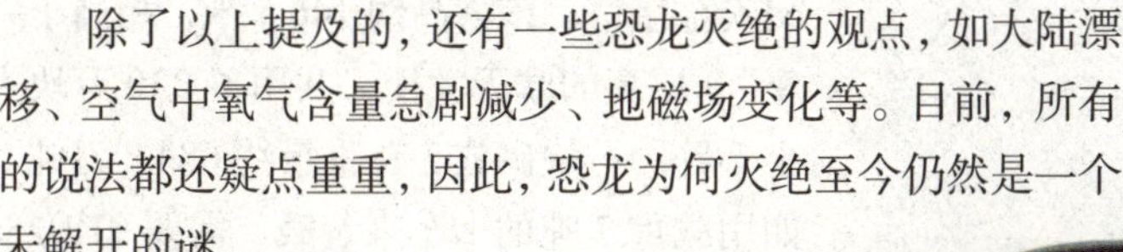

除了以上提及的，还有一些恐龙灭绝的观点，如大陆漂移、空气中氧气含量急剧减少、地磁场变化等。目前，所有的说法都还疑点重重，因此，恐龙为何灭绝至今仍然是一个未解开的谜。

金字塔之谜

金字塔在阿拉伯文中的意思为“方锥体”，它是一种方底、尖顶的石砌建筑物，是古代埃及埋葬国王和王后的陵墓。由于它规模宏大，从四面观看都呈等腰三角形，颇似汉字中的“金”字，所以被人形象地译为“金字塔”。埃及的金字塔是古埃及文明的代表杰作，截止到1889年巴黎埃菲尔铁塔落成前，金字塔一直是地球上最高的建筑物。它被古希腊的旅行家尊为世界七大奇迹之首。经过岁月的洗礼，其他的历史奇迹都湮没了，只留下金字塔和一个个难解的千古之谜。

埃及金字塔之谜是人类史上最大的谜，它的神奇远远超过了人类的想象，从以下的六大谜团里可略见一斑。

浩繁的工程之谜。在埃及，大大小小的金字塔有七八十座之多，其中最大的一座是胡夫金字塔。该塔高约146.5米，相当于一座40层高的摩天大楼，共用了230万块大小不等的石块砌成，总重量约684.8万吨。如用载重7吨的卡车来装载，需要978 286辆；如果把这些卡车一辆接一辆连接起来，总长度可达到6 200千米。比胡夫金字塔仅低3米的第二大金字塔是哈佛拉金字塔，塔旁还雄踞着一尊巨大的石雕——人面狮身像。石像高22米，长75米。有人曾粗略估算，如果把胡夫、哈佛拉、孟考夫拉三座相邻的金字塔的石块集中，可以砌成一道3米高、1米厚的石墙，能把整个法国圈围起来。

据估计，支持这样的建筑工程需要5 000万人口的人力，而一般认为，公元前3000年左右全世界的总人口也不会超过2 000万人。何况，已经发现的金字塔有80座之多，即使像希罗多德在《历史》中所说的，30年完成一座，总计也需2 400年，这样浩繁的工程，这样长久的消耗，当时的埃及能够承受吗？

运输之谜。工程之谜还是其次，对于最紧迫、最现实的运输问题，人们一直存在着种种疑问：当时的埃及没有马，也没有车（车和马是公元前 16 世纪，大概在建筑胡夫大金字塔以后 1 000 年，才从国外引进的）。没有滑轮，没有绞车，没有足够先进的起重设备，工匠们是如何搬运那些笨重的巨型石块的？要知道，即使在今天，拥有世界上所有现代化技术手段的建筑师也很难完成如此艰巨的工作。尤其是在附近数百英里范围内，竟然难以找到类似的石头，这一点实在让人困惑不解。

建筑之谜。把一块巨大的凸形岩石平整成为 52 900 平方米的塔基，在现在都是相当困难的，但当时的埃及人在没有水平仪、没有动力设备、没有现代化测量手段的情况下，完成了塔基的勘测和施工。它的四条底边相差不到 20 厘米，误差率不到千分之一；它的东南角和西北角的高度，相差仅 1.27 厘米，误差率不到万分之一；它的东西轴和南北轴的方位误差，也不超过 5 弧秒。他们没有“尺”，仅会用胳臂作丈量单位，叫作腕尺（300 腕尺约等于 155 米），怎么能把塔建得这样精确？真叫人大惑不解！

稳固之谜。随着岁月的流逝，古代世界的七大奇迹，有的倒塌了，有的消失了，只有金字塔巍然傲立，万古长存。

更多介绍

金字塔有太多的不解之谜，于是，有人认为金字塔不是古埃及人建造的，而是外星人建造的，他们建造成后返回外星。在这些人眼中，久远落后的年代里古埃及人不可能凭空拥有那些“超级知识”和高超得难以理解的科技水平。

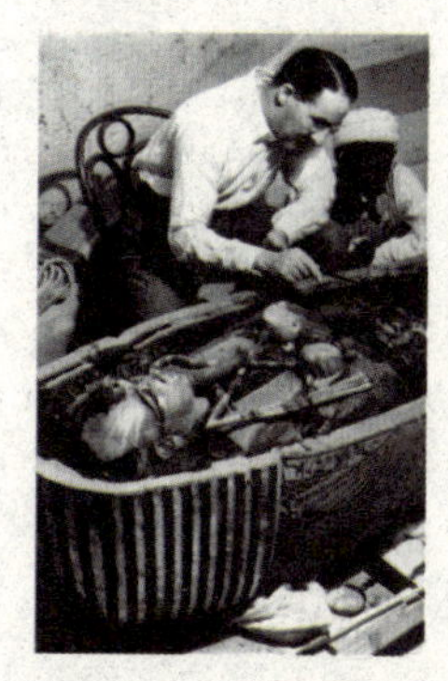

▲ 英国考古学家霍华德·卡特发掘图坦卡蒙陵墓时情景。

▼ 埃及金字塔及狮身人面像

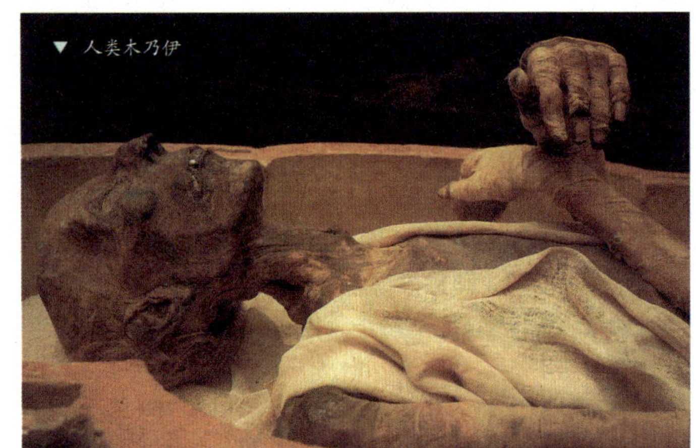
▼ 人类木乃伊

更多介绍

在埃及金字塔幽深的墓道里，同样刻着一句庄重威严的咒语：谁打扰了法老的安宁，死神之翼就将降临在他头上。美国《医学月刊》曾刊登一篇调查报告：100 名曾经到过金字塔观光的英国游客，在未来 10 年内死于癌症的竟达 40%，而且年龄都不大。而那些胆大妄为、胆敢爬上金字塔顶的人，都很快出现昏睡现象，无一生还。另外一些科学家又猜想，法老的咒语是来自陵墓的结构。其墓道与墓穴的设计，能产生并聚集某种特殊的磁场或能量波，从而致人于死地。3 000 多年前法老的诅咒，到底如何，至今还是一个未解之谜。

其中的奥秘又是什么呢？科学家告诉我们，圆锥体自然形成的锥角在 52°时最为稳定，奇怪的是金字塔正好是 51°50′ 9″。4 500 年前的古人，怎么知道 52°是一个稳定角？

“金字塔能”效应之谜。20 世纪 30 年代，一群科学家发现在一座金字塔塔高 1/3 处有一只垃圾桶，桶内有一些死猫死老鼠之类的小动物尸体和一些水果。使科学家们大为惊奇的是：尽管桶内湿度相当大，可是这些尸体非但没有腐烂变质，反而脱水变成了“木乃伊”。有人回国后，按照金字塔的比例，仿造了一座小金字塔，并把一只死猫放在位于塔高 1/3 的地方，结果，死猫不久也变成了“木乃伊”。接着，很多科学家都做了类似的实验，证明了这样的金字塔结构不

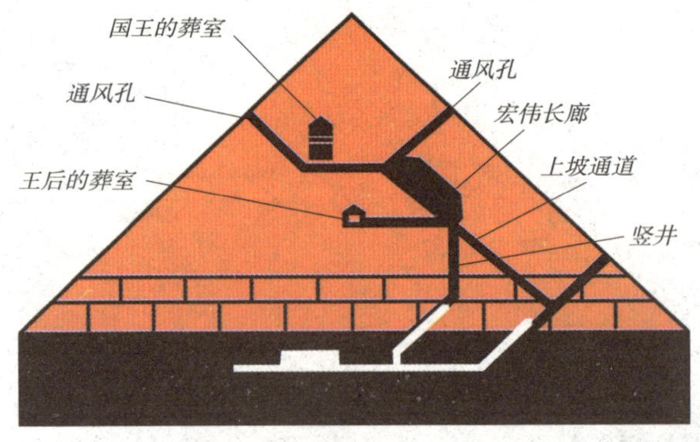

▲ 金字塔内部结构示意图

单能够保存动物尸体，还能够使食物保持新鲜，使刀片变得更为锋利并延长使用年限，甚至可以提高植物种子的发芽率。人们将这种奇异而独特的现象称为“金字塔能”效应。然而，这其中的奥秘，至今还在研究当中。

法老的诅咒之谜。1922 年，发掘 18 世纪去世的法老图坦卡蒙的陵墓时，人们惊异地发现墓穴入口处赫然写着：“任何盗墓者都将遭到法老的诅咒！”几乎没有人把这简短的几个字与人的性命相连。在发掘后三年零三个月的时间里，先后有 22 名与发掘有关的人神秘地去世，从此，法老咒语显灵之说不胫而走，那些胆大妄为的人们不得不在咒语面前畏惧和却步。

类似的事情不胜枚举，人们不禁要问：这些人究竟是怎么死去的？法老的诅咒又是怎么回事？有人认为，古代埃及人可能使用病毒来对付盗墓者，进入法老墓穴的人感染了病毒而身亡；有人认为致命的是法老墓穴中陪葬物日久腐败后形成的霉菌微尘，进入墓穴者不可避免地要吸入这种微尘，从而感染毙命。许多科学家不同意这两种观点，他们针锋相对地提出：若说是病毒，什么病毒能在封闭的空间中生存几千年？若说是霉菌，陵墓掘开后空气流通，霉菌微尘不久就会逸散，不可能持续多年。

图坦卡蒙的纯金面具是埃及古老文明的象征。

金字塔墙壁浮雕

巨石阵之谜

欧洲著名的史前时代文化神庙遗址巨石阵，位于英格兰西南部索尔兹伯里平原上，占地约11公顷。几个世纪以来，这些雄伟壮丽的圆形巨石群一直与神秘和离奇的传说联系在一起，但没有人真正知道这巨石阵的用途。正是这样的离奇吸引着来自世界各地的旅游观光者和众多为之困惑的考古学家，无数的人都想破解这个跟埃及金字塔一样的千古之谜，但在许多关于巨石阵的推测中，至今还没有一种解释能得到众人的一致认同，也没有一种解释能说清巨石阵的所有疑团。

在英国当地有很多关于巨石阵的传说。相传古时候，这里生活着一些巨人，后来他们化成了石块，这些巨石就是古代巨人变成的。每当夜深人静时，它们还会走下河岸去喝水呢。

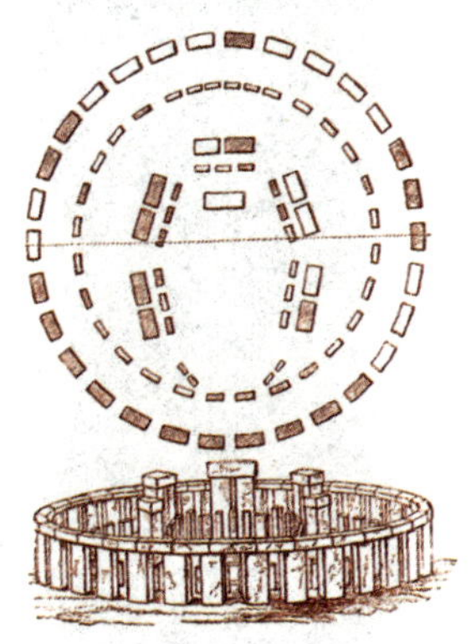
▲ 巨石阵原貌示意图

中世纪时，出现了关于巨石阵的最早记载。1126年，在英国史学家杰弗里编撰的《中世纪编年史》里，记述了中世纪亚瑟王传奇的故事。此外还有诗中的巫师——莫林，从爱尔兰把这些神秘的巨石掠夺来，并用魔力安置在威尔特郡的石灰山上作为死后葬身之地的故事。

有的说，古罗马人是巨石阵的建造者，这个奇特的巨石建筑是天神西拉的宫殿。还有的认为，巨石阵是丹麦人建造来举行典礼的地方，他们在这儿选举产生自己的国王。

在以后的岁月里，巨石阵逐渐引起人们的重视。

关于巨石阵的来历，曾引起过不少科学家的探讨，它究

▼ 神奇威武的巨石阵

竟是天然形成的，还是古代劳动者辛勤的杰作？科学家经过多次详细的考察之后，已经大概估计出它的建造年代和过程，科学家认为，这样一个规则的圆环形石阵并非大自然的产物，而是人为建造的。并且它的建筑是从公元前 3000 ~ 1500 年分三个阶段进行的，整个工程前后进行了数百年，才形成同现在类似的格局。

最早的巨石阵建成于公元前 3000 年左右，那时属于新石器时代末期至青铜时代初期，人们已经能够将巨石用于各种用途和形状的建筑，如挖筑圆环形的沟渠和土堤等，形成了巨石阵的雏形；大约公元前 2000 年，巨石阵建筑的第二阶段基本形成整个巨石阵的结构——在大外环内竖立着一个较小的石环，而两组呈马蹄形排列的巨石阵则分布在小石环内；公元前 1500 年，是巨石阵建筑最为关键的第三阶段，这一时期，沙石圈和拱门已经建成，如今我们所看到的巨石阵遗址就是三期工程竣工后的模样。

巨石阵是人类早期留下来的神秘遗迹之一，据估计，它已经在索尔兹伯里这个一马平川的平原上矗立了几千年，然而，迄今为止，没有人确切知道当初建造它的目的到底是什么。以往的考古学家大多数认为：巨石阵是举行祭祀活动的宗教场所，或者是当时英格兰早期居民的墓地。

英国公众在巨石阵举行了 1984 年以来的第一次纪念夏至的活动，巨石阵内的巨石正好同夏至那天太阳升起的位置排成一线。在巨石阵纪念夏至的人大都相信英国古代克尔特人的巫师宗教，他们认为他们举行的活动同当年在巨石阵举

更多介绍

20 世纪 60 年代末，剑桥大学教授丹尼尔对巨石阵作了一番研究后提出：它既不是天文工具，又不是历法工具，而是古代人类建立的一种能源标志。他指出，当地古老的传说中曾提到过一种神奇的“地能”。

科学家研究发现，巨石阵曾一度被当做祭台使用。

行的宗教仪式相似。甚至有人认为，信奉多神灵的古代克尔特人是巨石阵的建筑师，最早的克尔特巫师是法官、立法人员和神职人员，他们在那里举行宗教仪式，解决法律纠纷，并向老百姓发布指令和提供帮助。但据考证，这种宗教早在1 500年前就销声匿迹了。

▲ 人们始终对巨石阵充满着各种各样的幻想。

▲ 1977年11月，英、美等国家的二十几位科学家在伦敦集会，自发形成了研究巨石阵的组织，并且制定了长期的研究计划。

巨石阵不仅在建筑学史上具有重要地位，在天文学上也同样有着重大的意义。在最近流行的一种说法中，巨石阵也许是天文台最早的雏形，它有天文观象的功用，因为它的主轴线、通往石柱的古道和夏至日早晨初升的太阳，在同一条线上；另外，其中还有两块石头的连线指向冬至日落的方向。

所以人们据此猜测，巨石阵的建造者们是太阳的崇拜者，并且很可能是远古人类为观测天象而建造的。

巨石阵的用途一时还无法定性，与之相关的奥秘也还没有完全揭开，它的神秘面纱将随着岁月的流逝而继续撩拨人们的好奇之心和探索欲望。

我们现在所看到的巨石阵遗址的全貌是经过多个世纪、不同建筑时期的改建才成为如今的规模的。它从阵型上分为内外两个同心的圆圈，外圈最初由30根矗立的砂岩石柱构成，每根石柱高约4.5米。现存仅有的16根石柱仍疏疏地立在其原先的位置，恪守自己最初的使命。内圈也已不复旧

祭台

观，原先的 60 块石块仅剩下了 1 块，这些石块较外圈的稍小，巨石阵的核心内容——五座三石塔便位于内圈的环抱之中。所谓“三石塔”，即是由两根石柱直立，托起一块楣石组成的门形结构。这五座三石塔呈马蹄状分布，其中的三座至今还完好地保存着。

如今，巨石阵已经成为英国最热的旅游点之一，每年都有大约 100 万人到那里游览，为英国带来了每年至少两亿英镑的收入，而这也许是最令人想不到的收获。

更多介绍

1981 年，某研究组织的一位电子工程师获得了一个惊人的发现：巨石阵不但发射超声波和无线电波，而且还能发射出放射线。

有不少英国人相信巨石阵与夏至太阳有奇特的关系，所以，英国出现了在巨石阵场所纪念夏至日的活动。

麦田怪圈之谜

麦田怪圈是近几十年来最为人关注的“自然之谜”之一。关于它的形成原因，人们一直有着不同的说法，最早，许多人都认为“麦田怪圈”是外星人在地球上留下的痕迹，后来又有人主动站出来承认“麦田怪圈”只不过是他们搞的“恶作剧”。最近，美国几名科学家在对密歇根州一个农场发现的3个“麦田怪圈”进行深入研究后得出结论：它们并不是人类的“杰作”，而是难以解释的自然现象。由于正反两方努力现身澄清，孰是孰非，更勾起了人们对“麦田怪圈”现象的好奇心……

麦田怪圈之所以举世瞩目，是因为田园之上出现面积奇大的几何图案，每组图案都以圆形及长方形组成，面积与几个足球场相当。从高空俯瞰，这些图形看不出有什么意思，也没有一个特定主题，只知道无一相同，但图案都是互相对称。其实，这正是它的魅力所在。科学界对“麦田怪圈”是如何形成的一直没有定论，目前，全世界有不少的科学家在从事这一研究，有关这个未解之谜的轮廓也在他们的研究中逐渐显现出来。

1983年，英国出现了麦田怪圈的报告。据发现者英国的柯林·安德鲁称，麦田圈的麦田周围没有任何足迹，圈内麦秆因弯曲而倒下，并未折断，可以断定不是用脚压出来的。

随后美国、澳大利亚等国相继传出类似的消息。近年来，英国著名的石柱群附近地区，也频繁出现神秘的麦田

▲ 诸多麦田怪圈的图形怪异而规整，让人对其成因捉摸不透。

更多介绍

综观已经发现的麦田圈，科学工作者总结出了它的三大特点：首先，完全没有破坏痕迹，丝毫无损地被压下而改变方向，并非践踏或机械屈曲而成；其次，麦秆弯曲位置的炭分子结构受电磁场影响而结晶，但仍然能继续正常生长；另外，麦田圈的辐射量与附近正常的麦田有明显不同。

圈。这些都不足为奇，最让人觉得奇怪的是，麦田圈似乎只对欧洲大陆“情有独钟”，其他地方还没有类似的报告。在欧洲，平均每年都有几个有关麦田圈的报道，而最早发现麦田圈的英国，比率则明显高于其他国家。欧洲麦田圈的奇怪现象，与南美洲所发现的地面大型图案有没有关系？科学家还在研究当中，谜底尚未揭开。

他们调查了麦田园里倾倒的麦秆、土壤的状况，发现倾倒的麦秆并没有明显的损伤，并且麦子的收获量不但不减少，反而提高（圈内麦子多产40%）。据此，研究人员确定这是由强大的能量作用产生的。进一步研究后，他们发现麦田圈内的辐射量较大，土壤有微量辐射。

▼ 麦田怪圈还带动了附近地区的商业发展。在加州的索拉诺县，麦田怪圈出现地周边的饭馆、商店生意都很兴隆，一家名为“山谷咖啡店”的饭馆还推出了“外星人煎蛋卷”，此举竟使该饭馆每天的营业额从900美元上升到2 000美元。

对于麦田怪圈的成因，众说纷纭，莫衷一是。种种有关麦田圈的报道都使人联想到外星人，由于“怪圈”大多是一夜之间形成，而且面积很大，所以起初很多人认为它是外星人的杰作或是外星人光临地球的足迹。有人认为，麦田怪圈的形成跟气象、地质和土壤有关；有人认为，麦田怪圈是有待探索的自然现象；有人则认为，这是一场彻头彻尾的恶作剧。

经过长期的调查，现在的科学还无法解说麦田圈，相信总有一天，随着科学的发展，这些现在看来神秘的东西会一一破解。

复活节岛之谜

复活节岛，从它被发现的那一天起，就以一个“世界之谜”的形象出现在世界上，引起了世人的格外瞩目。但令人感到困惑不解的是，人们越是了解复活节岛，就越觉得复活节岛神秘莫测。几百年来，无数的专家纷纷踏上这个小小的大洋孤岛，试图揭开复活节岛的秘密。他们做了大量的研究和考察工作，付出了辛勤的劳动，当然也走了不少弯路……直到今天，仍有不少人在不断地研究着复活节岛。

▼ 1722 年，当罗格文海军上将发现复活节岛时，看到了岛上的居民有着不同的肤色，他在自己的探测笔记中这样写道：“他们有的肤色为褐色，就颜色的深浅程度而言，他们和西班牙人相似，但也有肤色较深的人；而另一些人则完全是白皮肤，也有皮肤带红色的人，似乎这些人在太阳底下晒烤过。”

1722 年 4 月 5 日，荷兰海军上将雅格布·罗格文率领一支分舰队在距智利 3 000 千米的东南太平洋上首次发现了举世瞩目的复活节岛。

当时，他们正航行在一望无际的大洋上，负责瞭望的水手突然发现远方的海面上有一个绿点，看上去像是陆地，他立即向船长罗格文汇报。罗格文听到后惊奇不已，因为海图上标明这里没有任何陆地。罗格文立即命令船只驶往那里。

待船只驶近后，他看到这确实是南太平洋上一个不知名的岛屿。于是，便用墨笔在海图上记下了一个点，并在墨点旁边注上“复活节岛”的字样，因为那天正好是复活节。

小小的复活节岛独处地球偏僻的一角，孤悬于东太平洋上，远离其他岛屿，西距皮特凯恩岛 1 900 千米，东距智利西海岸 700 千米。岛长 22.5 千米，呈三角形，面积还不到 120 平方千米。岛上有三座火山，

更多介绍

复活节岛是南太平洋中的一个孤岛。三角形的岛屿并不大，总面积不到 120 平方千米。岛屿的北海岸长 16 千米，西海岸为 18 千米，东南海岸最长，也只不过 24 千米。岛上的最高点拉诺－阿洛依火山海拔只有 511 米，比波利尼西亚诸岛的许多山峰都低。

整个岛屿都被火山熔岩和火山灰覆盖着，既没有河流，也没有树木。当罗格文一行踏上这个荒凉的小岛时，就被眼前的景象惊呆了：岛的四周全是造型奇特的巨石雕像。

这些石像至少有10米高，最高的可达20多米，都是用整块石头雕成的，重量可能有十多吨。有的石像头上还戴着几米高的石头大帽子，耳部有长长的耳垂。

罗格文一行总共发现了500多尊石像，此外，在拉诺-洛拉科火山口的碎石堆里，还躺着150尊未完成的雕像，还有一些雕像倒伏在搬运的路上和山上的采石厂中，那里还有石锛、石斧和石凿等石质工具。显然，这就是那里的原始雕刻工具。

科学家们从1914年开始对复活节岛进行全面的考察和测绘，并逐一统计了岛上的石像的分布情况。然而一个个巨大的问号摆在他们的面前，令他们百思不得其解。

这些世界罕见的巨大石雕究竟代表什么呢？是神？死去的部族首领？神秘的外来者？宇宙来客？还是活着的人？究竟是谁，在什么时候、什么地方，怎样雕刻了这些石像？他们为什么要雕刻这些石像？石像又是怎样运到海边、放置到巨大的石头平台上去的？有人认为，巨石雕像下面有石基石阶，高达3米，下面应是墓葬，巨石雕像是守护神或死者本人的模拟像。还有人认为，南太平洋有一块古大陆后来突然沉没，大陆上的居民曾创造了灿烂的文明，复活节岛原本是山巅，是残留在海平面上的古陆地一角。但是人们并未证实古陆地的存在，也无法解释雕刻者在极其原始的年代是如何搬运这些庞然大物的。

我们可以设想，如果没有这些巨人石像的存在，复活节岛上将是一片难以言喻的荒凉。

复活节岛上的文字也是一个不解之谜。1770 年，西班牙船长菲利浦·冈沙列斯来到了复活节岛,他最惊人的发现是岛民们竟有自己独特的文字。1864年,第一个踏上复活节岛的西方传教士、法国人埃仁·埃依格也曾看到过岛民用独特文字写成的“科哈乌·朗戈－朗戈条板”，当地居民管它叫做“会说话的木头”。

▲ 有人认为复活节岛是由海底火山喷发而形成的。

更多介绍

1912 年，英国“格罗埃洛恩”号船长在智利瓦尔帕莱索城宣布，他在复活节岛不远处发现了一个岛屿，船上的所有军官也都证实了这一发现。但当后来智利战舰“巴克达诺”号奉命前去寻找这个岛时，它却消失得无影无踪。

这些古怪的象形文字，很可能是解开复活节岛之谜的钥匙，但时至今日，人们也无法解读它。而且，令人痛心的是，这些条板最后竟被付之一炬了。现在，只有少数几块刻有象形文字的“科哈乌·朗戈——朗戈条板”十分偶然地落到了研究人员手中，保存在世界各地的博物馆里。

关于复活节岛上的居民，众人争论的焦点是，谁是复活

▼ 复活节岛遍布神秘的石人雕像。

节岛最早的居民？现在，谁也不怀疑，复活节岛现今的居民是波利尼西亚人，但他们是在较晚的时期里才来到复活节岛的，而早在公元 4 世纪时，复活节岛就已有人居住了。他们是谁？又来自何方？他们是一个种族呢，还是两个或更多的种族？从发现复活节岛的那一天起，人们就提出了这个问题，但至今也没有得到圆满的解答。

▲ 在发现复活节岛时，罗格文上将可能一点也没意识到他为世界上最令人困惑的一个岛屿命了名。在这四面都是汪洋大海的小小孤岛上，人们不了解的秘密实在是太多了。

复活节岛本身的存在也是一个谜。复活节岛是南太平洋中的一个孤岛，是由三座海底火山喷发而形成的一个火山岛，整个岛屿至今还被火山熔岩和火山灰覆盖着。复活节岛还在发生着惊人的变故，一些完全可以信赖的船长也不断报告说，他们在这一带的海域里发现了新的土地，但这些土地后来却不见了。

复活节岛是处在太平洋海底火山地震带上的一个火山岛。岛民们的神话和传说中都一再提到，以前，复活节岛很大，后来大部分土地沉入水下，只剩下现今这么大了。但科学考察却证实，复活节岛不是在沉没，而是在上升。

所有的这一切无法解释的现象更为复活节岛的形成史增添了一个大大的谜团。

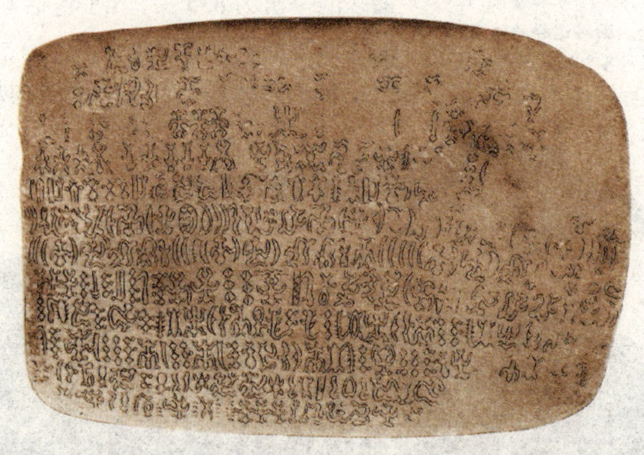

▲ 科哈乌·朗戈——朗戈条板

鲸鱼集体自杀之谜

生存是大自然中一切动物的本能，在我们这个蓝色的星球上出现生命体以来，它们无时不在为自己的生存做着顽强的努力与抗争。它们利用各自的优势，或者保护自己，或者侵食异类，以求得生存、繁衍和发展。然而，在世界很多地方都不断地出现着动物自杀的骇人报道。在各种动物自杀事件中，鲸群的自杀被誉为“最悲壮的自杀”，没有人为的驱赶与捕捞，它们便大规模地冲上海滩集体自杀，这一惨剧一直是生物学界的一个难解之谜。

自古以来，世界上许多沿海国家都有关于鲸类集体自杀的记载。在我国，早在公元前4年，班固所撰《汉书》中就记载了莱州湾有7头巨鲸集体自杀。在国外，最早的记载是1784年3月13日有32头抹香鲸在法国奥栋港集体自杀。类似这样的自杀事件不胜枚举：1784年，法国奥捷连湾的沙滩上，有30多头抹香鲸搁浅死去；1970年，美国佛罗里达州皮斯堡的沙滩上，有150多头逆戟鲸不顾死活地冲上海滩；1976年，美国佛罗里达州的海滩上，250头鲸鱼游入浅水中，潮水退下时它们全部因搁浅而死亡；1979年，加拿大欧斯峡海湾，130多头鲸作了亡命之徒；1980年，澳大利亚新南威尔士州北部西尔·罗克斯附近的居民，惊奇地发现58头巨头鲸拼命地冲上狭窄的特雷切里海滩，终因抢救无效，全体死亡……

更多介绍

新西兰海洋生物学会一名叫莫里斯的专家更提出了一个“惊人之说”：鲸集体自杀的真正原因乃是“被爱情所伤”。这些理由被大多数人认为是比较牵强的。

近几十年来，已有超过10 000头鲸类搁浅死亡，数目最多的一次为835头，几乎包括鲸目动物的每一个种，其中最为常见的就是领航鲸、抹香鲸、伪虎鲸以及其他齿鲸类。由于鲸的躯体庞大，而骨骼结构却很不坚实，一旦着陆搁

鲸鱼义无反顾自杀的惨状，让人无比同情。面对这样的情况，许多人都在用各自的方式营救着这些“人类的朋友”。

浅，身体的重压就会使骨骼变形或断裂，使内脏受压或受伤，因此必死无疑。

鲸鱼为什么要搁浅自杀呢？人们对此众说纷纭，莫衷一是。最早的解释是：由于鲸类不可思议的互助特性而酿成的“恋群悲剧”。许多人都知道，鲸有一个突出的特性，就是爱成群结队地活动，它们组成一个团结友爱的集体，一起觅食，共同抵御敌害，保障安全。一旦它们中某个成员不慎搁浅，必然会痛苦地挣扎，发出哀鸣。其他的鲸听到了遇难同伴的呼叫，全都会奋不顾身地前来救助，以致接二连三地搁浅，这种连锁反应被视为是没有意识的、受本能驱使的行为。但是，这种忘我的救援行动不但不能奏效，反而使整个群体遭受灭顶之灾。

然而值得怀疑的是：人们不止一次地发现，当鲸在海里受到其他鱼类的攻击而负伤，或是在捕获前垂死挣扎时，并没有看到过有同类前来救援，可为什么当它们陷入泥沙滩时，就会招来成群的救难者呢？

有人猜测，鲸可能是遇上了凶恶的鲨鱼或受到其他动物的威胁，仓皇逃命而窜上了海滩；也有人认为，可能由于鲸一时贪玩或在浅海边上找吃的，而不慎搁浅在海滩上，游不回去了。

于是，有学者便从科学的角度去考虑，他们提出鲸类的悲剧与地球磁场有关，如美国东海岸鲸类搁浅的地方，往往是磁力较低或极低的区域，当鲸类沿着磁力较低的路线前进时，容易搁浅在海滩上。由于磁力的作用，这时很难把它们

▲ 鲸鱼集体自杀的方式是不顾一切地往岸上冲，随后一头接一头地搁浅在海滩上。

赶回到深海中去。不过，研究者未能找到鲸体内的磁性感觉器官，因而无法证实这一说法。

最近又出现一种解释：鲸类因身上的回声定位功能失灵导致其搁浅自杀。与别的动物不同，鲸鱼辨别方向并不靠它那视觉极度退化的眼睛，而是利用回声。它们能发射出频率范围极广的超声波，这种超声波遇到障碍物就会反射回来形成回声，鲸鱼就根据这种超声波的往返来准确地判断自己与障碍物的距离。

▲ 身躯庞大的鲸一旦在海滩搁浅死亡，人们必须依靠起重机械和铲车才能将它们运走。

海洋生物学家认为，鲸类自杀的地点多为低洼海岸、水下沙质浅滩、砾石或含淤泥的冲积土地段，鲸类一旦进入这些地方，由物体发出的回声会受到障碍，使之不能准确返回，甚至根本返回不到鲸的身上。如果它的喷水孔不能浸到水里也将影响到回声定位的能力，再遇到刮风下雨的话，回声信号就会受更大的干扰与破坏，这样以来很容易酿成丧身之祸。还有一些科学家通过对数头冲进海滩搁浅自杀的鲸鱼解剖发现，绝大多数死鲸的耳朵里都藏有大量寄生虫，它们侵袭了鲸的中耳和平衡器官，使其回声定位系统出现故障，从而丧失了定向、定位的能力，之后便如没头苍蝇似的撞上海滩。由于鲸鱼是恋群动物，如果有一头鲸鱼冲进海滩而搁浅，那么其余的就会奋不顾身地跟上去，以致接二连三地搁浅，形成集体自杀的惨剧。

▼ 目前来说，保护鲸鱼的人们所能做到的，只是尽量把搁浅的鲸鱼拖回大海，使它们继续自由自在地生活。

▲ 一些环境科学家认为：气候异常等环境因素造成了鲸类的集体自杀。太阳黑子活动异常以及人类造成的海洋污染、形成的环境激素等可能扰乱了它们的感觉，因而，环境污染也曾被认为是造成鲸鱼自杀的罪魁祸首。

英国和西班牙科学家研究发现，声呐信号可以扰乱鲸、海豚体内的与回声探测器类似的定位系统，使它们失去对自身方位的判断而迅速浮出水面。当它们这样做时，溶解于血液中的氮气会因压力骤减而迅速膨胀形成气泡，对血管和内脏造成伤害，就如同潜水者很快浮出水面会产生“减压病”一样。科学家认为，声呐对鲸类等海洋动物是一大致命威胁。

对鲸鱼的自杀之谜，有着如此种种的推测。科学家对鲸鱼的基本生物原理及其环境做更多的研究后，会做出进一步的分析与判断。

更多介绍

频繁出现的各类动物自杀事件当中，除了鲸群的自杀，最多的恐怕要数旅鼠了。自 1868 年在挪威海面看见有数以万计的旅鼠自杀以来，差不多每隔三四年，北欧旅鼠在这一带海面和巴伦支海或北冰洋一带，都会来一次同样的投海自杀行动。至于它形成的真实原因是怎样的，至今仍然是一个未解之谜。

▲ 旅鼠

北纬 30°之谜

北纬 30°素有“地球怪圈”之称，此言非虚。因为在人类漫长的探索当中，曾无数次发现，世界奇观、世界之最、世界之谜等不约而同地出现在这条线上，如美国的密西西比河、埃及的尼罗河、伊拉克的幼发拉底河、中国的长江等，都在北纬 30°入海；地球上最高的珠穆朗玛峰和最深的西太平洋马里亚纳海沟，也在北纬 30°附近；埃及的金字塔之谜及狮身人面像之谜、死海形成之谜、百慕大三角区之谜、美国圣克鲁斯镇斜立之谜等很多著名的世界自然之谜无不处在北纬 30°区域。

在很多人眼中，北纬 30°不是一个平凡的地带。在这一纬度线上，奇观绝景比比皆是，奇事怪事数不胜数，下面略举几例。

百慕大“魔鬼三角区”。这是一个奇怪而让人胆寒的地方，在这里不明不白失事的飞机多达数十架，轮船 100 多艘。

千年不倒的比萨斜塔。坐落在意大利北部佛罗伦萨市的比萨斜塔至今已有 800 多年历史。此塔建至一半以上高度时就开始倾斜，斜度为 1.2~1.5 米，已饱经风霜 800 余年，有望创下“千年不倒”甚至“万年健在”的记录。

“巴别”通天塔。地处幼发拉底河东岸的巴比伦城，距伊拉克首都巴格达南约 100 余千米，这里矗立着一座年岁久远的“巴别”塔，当地人称之为“埃特曼南基”，意为“天地的基本住所”。但是，为什么要建造通天塔呢？它是奴隶制君主的陵墓，还是古代的天文观测之地？至今没有人能回答。

原始部落神殿遗址。在黎巴嫩巴尔别克村，有一个原始部落遗址，它的外围城墙是用三块巨石砌成，每块都超过 1 000 吨，其中仅一块石头，就可以建造三幢高 5 层、宽 6 米、深 12

◀ 坐落在意大利北部佛罗伦萨市的比萨斜塔。

▶ “巴别”通天塔

米的楼房，且墙厚度达 30 厘米。这三块巨石在当时是怎样运来的，有谁知道？

马耳他岛上的奇特轨迹。面积为 316 平方千米的地中海中部岛国马耳他，有一条奇特的轨迹，凹槽深度达 72 厘米，一直延伸到地中海中深达 42 米的地方，说它是车轨吧，但它又显示出明显不同的辙印。从古到今，产生过关于轨迹的 20 多种猜想，无一能成立。

加州“死亡谷”。在美国加利福尼亚与内华达州相毗邻的山中，也有一条长达 225 千米，宽度在 6~26 千米，面积达 1 400 平方千米的“死亡谷”，峡谷两侧悬崖峭壁，异常森严。多批探险人员莫名其妙地葬身此谷。令人不可思议的是，这个地狱般的“死亡谷”，只危及人的生命，而对飞禽走兽却没有威胁。据调查，有 200 多种鸟类、10 多种蛇、7 种蜥蜴、1 500 多种野驴等动物在那里过着悠然自得的生活。

谈及北纬 30°的各种神秘现象，有专家认为，它的成因来自地球内部。这一地域是当前世界地壳最为活跃，构造变形最为强烈，大陆上地震活动最为频繁的地区之一。它的形成可能与大陆的沉没有关，地球上大陆沉没了，在地球上造成的冲击力使西藏高原隆起，产生了喜马拉雅山的皱褶。大约 4 000 万年前的第三纪初期，青藏高原最高耸的喜马拉雅山地还处在一片汪洋之中，史称古特提斯海。那时，古印度大陆并不是亚洲的一部分，它在位于南纬 40°的地方与古欧亚大陆隔海相望。经过漫长的地质历史，古特提斯海板块长途跋涉 7 000 多千米，向欧亚大陆漂移，并且俯冲到欧亚板块之下，再经历最近的“短暂”的几百万年，强烈的板块俯冲运动，使古特提斯海消失了，印度古

更多介绍

根据国内外科学家长期考察和研究发现，在地球的北纬 30°线附近的区域，地质地貌最纷繁多样，自然生态最奇特多姿，物种矿藏最丰富多彩，水文气候最复杂多变，自然之谜、神秘现象最集中。

▲ 马耳他岛上的奇特轨迹

▼ 黎巴嫩巴尔别克村原始部落神殿遗址

陆与欧亚古陆会合了，形成了地球的第三极珠穆朗玛峰。

中国地震局的科学工作者说，北纬30°现象有一定的必然性。据科学考证，由于各种可知和不可知的因素，不同的地理位置与环境的重力场、电场、磁场及其他物理量都不尽相同，北纬30°被人称之为地球的“脐带”，其微量元素矿、磁场、电场、重力场对人与环境都有影响。另外，地球的自转也给地球内部不同纬度的区域造成了不同的作用力，如百慕大是磁场引起，青藏高原隆起是由于板块碰撞产生的。但很多科学家都认为，这也不能解释清楚北纬30°奇怪的现象。

▲ 三星堆出土的青铜人像。

西方著名科学家赫尔比格曾提出过一个令人惊叹的理论：地球在其46亿年的历程中，先后捕获了4颗卫星，即4个月亮。这4个月亮恰好跟地球的4个地质年代相符合，同地球4次大变动相印证。我们今天看到的月球是地球的第四颗卫星，前三颗由于在运行中离地球太近，最后都坠落了。在坠落到地球赤道偏北附近三个地方之前，它们发生了爆炸，摧毁了世界上万物之灵，地球变形了，形成了太平洋、印度洋和大西洋。三颗月亮落地中心除印度洋以外，其他两颗硕大的月球都是在北纬30°附近，不仅形成了三大洋，其地球内部地核结构也发生了剧烈的变化，使地球自转和绕太阳公转的轨道均呈倾斜状态。

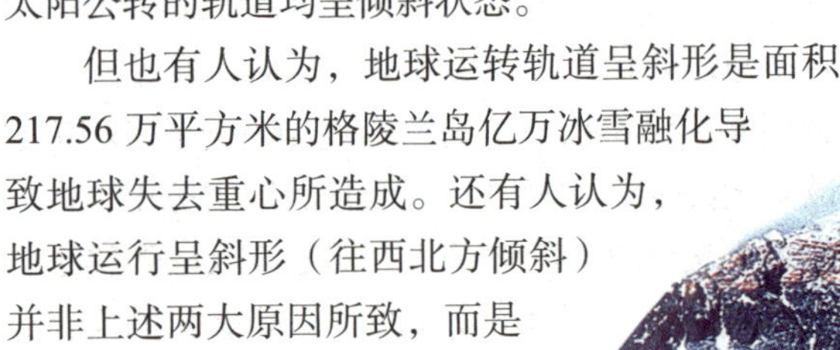

但也有人认为，地球运转轨道呈斜形是面积217.56万平方米的格陵兰岛亿万冰雪融化导致地球失去重心所造成。还有人认为，地球运行呈斜形（往西北方倾斜）并非上述两大原因所致，而是地球的卫星——月亮在起作用，因为月亮始终是

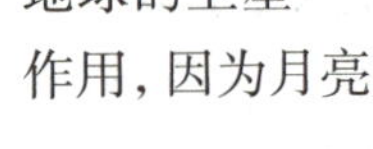

▼ 喜马拉雅山

人们推测月球撞向地球的情景。

绕地球转的，地球被月亮牵制住了。

对种种神秘现象的解释可谓仁者见仁，智者见智，但这些说法似乎都与神秘的北纬30°主题相去甚远。因此，这一扑朔迷离的怪异现象，是偶然的巧合还是某种内在联系，暂时还是让人无法猜透的谜。

更多介绍

北纬30°线不仅有许多奇妙的自然景观和难解的神秘怪异现象，而且还是恶名在外的“死亡旋涡区”。除了令人惊恐的百慕大，还有日本本州西部、夏威夷到美国大陆之间的海域、地中海及葡萄牙海岸、阿富汗这4个异常区。

飞碟之谜

飞碟也就是我们所说的不明飞行物，它的英文写作 Unidentified Flying Object，简写为“UFO”。UFO 现象从古到今，已经有许多记载，而关于这一类事件的报道，在 19 世纪末就有了。20 世纪以来，在全世界范围内报道的 UFO 事件有数万例之多。然而，飞碟到底是什么现在尚无定论。

将这幅题为《流星雨》的画与一些对 UFO 的猜测联系起来，不禁引人遐想。

早在古代甚至有史记载以来，UFO 就存在于地球人间。《圣经》里有飞碟的记载，中国的大量古籍也有不明飞行物体的记载，在世界的许多地方都有过它的足迹。公元前 3400 年，埃及莫塞斯三世时期，“天上飞来一个火环，无头，长一杆，宽一杆（约 5.5 米），其光足以蔽日”。法老下令记下此事，以传后世。其手稿现保存在梵蒂冈图书馆。

在中国的古籍中，有关飞碟的记载也不乏其例。汉武帝建元二年夏四月“有星如日，夜出”；晋元帝大兴元年“日夜出，高三丈”，这是发射强光的飞碟。晋愍帝建兴二年“有如日陨于地；又有三日相承，出西方而东行”；宋太祖乾德五年“五星如连珠聚于奎”，这是飞碟群的写照。唐僖宗乾符六年十一月，“有两日并出而斗，三日乃不见，斗者，离而复合也”，这可能是对子母飞碟的描述。

1947 年 6 月 14 日，一位名叫阿诺德的美国人正驾驶飞机参与搜寻一架失踪的运输机，突然发现前方天空有 9 个碟子形状的飞行物，它们边自转边前进，速度至少在每小时 2 000 千米以上，瞬间便飞越了华盛顿州的雷尼尔峰。此

更多介绍

种种关于飞碟的报道，虽然离奇古怪，但有几个共同点：一是来无踪去无影，谁也不知道它们来自何方，飞往哪里；二是速度变幻莫测，从静止到每小时数千千米，快慢不一，瞬间调头；三是性能超人，升降自如，着陆入海……无所不能，似乎比当今世界最好的飞行器还要好。

事经记者广泛报道，在全世界引起了巨大的反响。

人们管这种若隐若现、来去无踪、飘忽不定的不明飞行物叫作“飞碟”。

1947年1月7日，肯塔基州警察局向军方报告，目睹到一奇怪飞行物体。另在加德曼机场的塔台人员也同时看到明亮的碟状物体，此时正好有4架P-51飞机在附近，于是机场司令要第一架飞机的驾驶员追踪前面的不明飞行物，结果曼德尔上尉成了美国第一个因追踪不明飞行物而殉职的人。

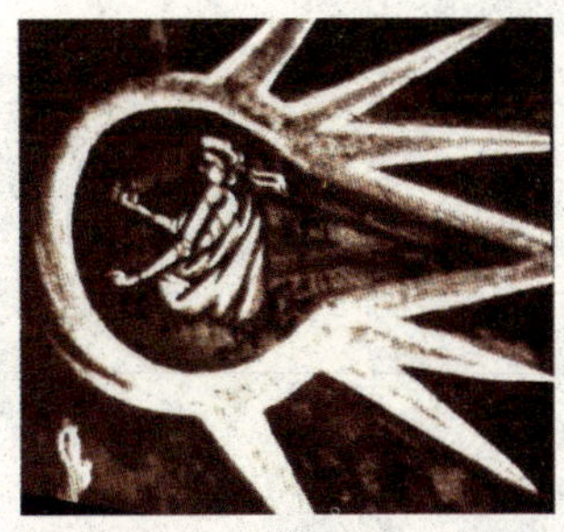

▲ 有关不明飞行物的早期记载。

曼德尔上尉事件发生以后，大大促进了美国空军制订收集和调查UFO“蓝皮书计划”的进程。蓝皮书计划在1947～1969年的22年中，共收录了12 618宗UFO案，最多的1952年有1 501宗。

这些飞碟的目击者包括了著名科学家、军人、社会名流及各种普通老百姓。尤其让人感兴趣的是，从1962年开始，数十名经过严格科学训练的不同国籍宇航员都曾从宇宙飞船、宇宙空间站中看到了UFO。

到了20世纪六七十年代，飞碟狂潮席卷欧美，每天都有成千上万的目击报告，无法解释的飞碟现象蔚为壮观。这

一时期，美国的一个专门调查小组提交了一份总结报告，证明在12 000例UFO事件中，没有一例能证明是与“外星人”有关的现象；英国的有关部门曾对1 631件UFO案例进行调查，其中能证明与飞机有关的750件，与人造卫星或其他飞行器碎片有关的203是件，与气球有关的108是件，与行星等已知天体有关的170是件，是大气现象或其他现象的121件，其余的是少数证据不足、无法落实的或有待进一步查明的案例。

外星人驾驶飞碟到达地球的目的为何？目前有六种说法：

一、促进文明
二、地球寻根
三、观光旅行
四、监视警戒
五、调查资源
六、侵略征服

寻找和证实UFO究竟是什么，无疑是UFO研究中最有吸引力的问题。长期以来，科学家和研究者提出了种种假说，这些假说都有一定的理论来支持，但同样也不乏疏漏之处。

有人猜测UFO是一种特殊的流星。有一类UFO呈圆球状，中间厚，边缘薄，环绕中心旋转，并且发光。持这种观点的人认为，这样的流星体进入大气层后，因摩擦而燃烧，表面温度可达3 000℃以上，发出强光，周围因燃烧反应产生温度很高的气体，经过一定时间的烧灼，会形成碟形。最后，UFO的消失，是由于流星体的烧灼完毕。

然而，按照这一假说，UFO的出现应与流星的数量成正比，特别是在出现流星雨的时候，但事实上并没有出现UFO与流星数量成正比的现象。

有人猜测UFO是球状闪电，他们的理由是：在颜色方面，球状闪电的颜色绚丽多彩，有白色、粉红色、橘红色、蓝色等，UFO也有类似的色彩；在声响方面，球状闪电在运动时会发出轻微的“吱吱”声、“噼啪”声，最后静静地消失。UFO由于距离较远，多数听不到声音，但也有少数UFO飞行时会发出呼呼的声音或隆隆的响声，部分UFO还发出热量，这与球状闪电很一致。

UFO模型

但这种假说与事实有诸多矛盾的地方：球状闪电多产生于雷雨的天气

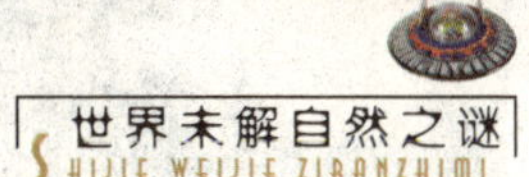

1960年10月20日在美国明尼苏达州拍摄到的UFO现象

1962年3月4日在英格兰谢菲尔德市拍摄到的UFO现象

▲ 半个多世纪过去了，有关飞碟的新闻从未间断，飞碟的目击者也达到了上千万人次，世界各国对UFO追踪、调查与研究，数十年不衰。

中，而多数UFO的目击者是在晴朗的天气里；世界上雷雨多的地方如印尼，雷雨多的季节如夏季，但这都不是UFO多发的地区和时间。另外，球状闪电在空中的运动完全取决于气流，而UFO的运动，从观察看，并不与气流一致。

还有人猜测UFO是核试验的副产品。他们认为：人类在地球上的第一次核爆炸是1945年，而近代的“飞碟热”开始于1947年，之后核试验不断，目击UFO事件也不间断，时间上较为吻合。

核爆炸时，产生大量的γ射线，γ射线与大气中的物质作用产生电子，出现电荷运动和电磁场能量。在一定条件下，γ射线与大气作用的区域会形成一个球体，其中会封闭一定的放射性气体，这个球体可以在大气中自由飘荡，保持一定的时间。由于球体内外电磁场和放射性物质的作用，球体会变成碟形，并且发光，当球体解体时，UFO也就消失了。

然而事实却是：核试验地地理区域与UFO出现的区域并没有一致性。

以上假说与事实之间都存在着一定的矛盾，可能这些假说也确实说明了某些UFO现象，但就寻求UFO的谜底来说，仍是一项艰巨的任务。这一切都需要我们的不懈努力和追求，在不久的未来把它们一一解决。

更多介绍

美国人查尔斯·福特是公认的第一个专门研究飞碟的人。他在著作《下了地狱的记录》的文章讨论了“雪茄形飞行物”。他认为，这些不明飞行物不属于我们地球，具有超常的威力。这些飞形器可能是火星人派来秘密搜集地球情报的。福特虽然没有用“飞碟”这一词，但他却是第一个正视飞碟的人。

龙卷风之谜

龙卷风是从强流积雨云中伸向地面的一种小范围强烈旋风，在美国又被称做旋风，它属于一种常见的自然现象。龙卷风经过水面，能吸水上升，形成水柱，同云相接，俗称“龙取水”。龙卷风经过陆地，它那猛烈风速常会卷倒房屋，吹折电杆，甚至把人、畜和杂物吸卷到空中，带往他处。龙卷风的破坏力往往超过地震，因此，各国对龙卷风的研究都很重视，但龙卷风之谜一直未能彻底解开。

更多介绍

龙卷风的出现给人类带来了诸多无可挽救的损失和灾难，人类在对其进行深入研究的过程中，也累积到不少与之斗争的经验。有科学工作者专门总结出了对龙卷风的防范措施：在家时，务必远离门、窗和房屋的外围墙壁，躲到与龙卷风方向相反的墙壁或小房间内抱头蹲下。躲避龙卷风最安全的地方就是地下室或半地下室。

全球每年平均发生龙卷风上千次，每次都会造成人员的伤亡和财物的重大损失，所以各国对龙卷风的研究都很重视。根据科学家的描述：龙卷风外貌奇特，它上部是一块乌黑或浓灰的积雨云，下部是下垂着的形如大象鼻子似的漏斗状云柱，自云底向下伸展，直径从数十米至数百米不等，平均约 250 米。它通常发生在夏季的雷雨天气时，尤以下午至傍晚最为多见。

龙卷风具有小、快、猛、短的特点。首先，它的范围很小，一般直径只有 25 ～ 100 米，在极少数的情况下直径才达到 1 000 米以上；其次，它非常快捷，来去无踪，大多数情况下，龙卷风在接触地面之前就消失了，但是一旦达到地面，它的强劲之势便能够摧毁一切。它像巨大的吸尘器扫过地面，地面上的一切都被卷走。如果经过水库河流，就卷起冲天水柱，有时甚至连水库河流的底部都暴露出来。据龙卷风力大无穷、横扫一切的特点，有人把它形象地称做是“破

多个小型龙卷风逐渐合成为一体。

坏之王”、“大自然的吸尘器”。幸好，龙卷风是短命的，它往往只持续几分钟或几十分钟，最多几小时，一般移动几十米到上千米，便“寿终正寝”了，否则它所造成的灾难和损失真的就难以估量了。

龙卷风的风速到底有多大，科学家们还没有直接用仪器测量过，因为它的风力太强，普通测量风速的装置根本无法操作，因此很难得到可靠记录。但根据其经过时建筑物的损坏程度以及飞扬物体的打击力来估计，其风速一般每秒达 50 ~ 100 米，有时甚至达到每秒 300 米，超过声速，堪称破坏力最强的小尺度天气系统。当代中国也有强龙卷风的记录。1967 年 3 月 26 日，上海地区出现过一次强龙卷风，毁坏房屋 1 万余间，22 座可以承受 12 级大风风力的高压电线铁塔被拔起或扭折。

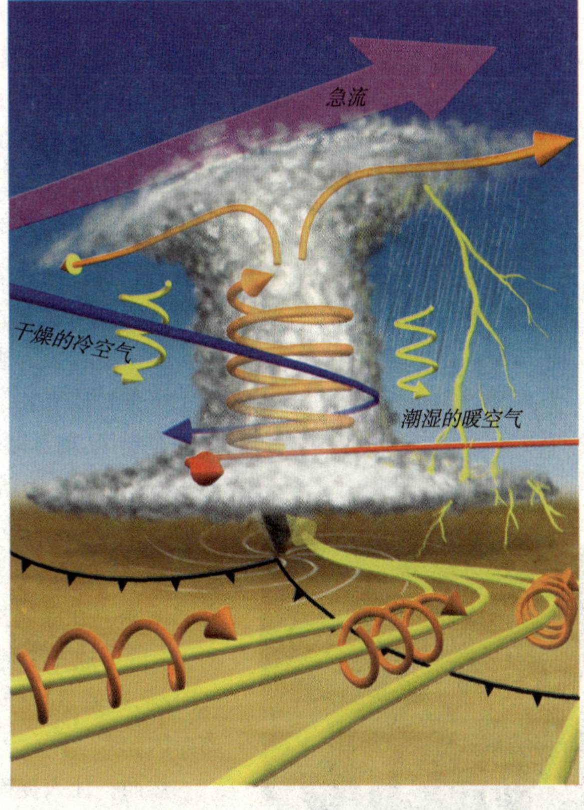

▲ 龙卷风的形成示意图。强烈的大风是龙卷风具有瞬间巨大破坏力量的原因所在。

发生的地点不同，龙卷风的名称也不同：发生在水面，则称为“水龙卷”；如发生在陆地上，则称为“陆龙卷”。无论哪种类型的龙卷风，危害都很大，这种自然现象平均每年可使数万人丧生。

▲ 因遭遇龙卷风坠毁的飞机。

◀ 龙卷风可以说是残忍的，它所到之处，对树木和汽车等毫不留情地摧毁，对人们的生命安全也造成了一定程度的威胁。

龙卷风的破坏力为什么这样大呢？那是因为，龙卷风在高速旋卷时，由于离心力的作用，中心气压值很低，它所造成的气压差能使周围空气急剧流向中心，形成非常强烈的大风，最大风速每秒可达 100 ~ 200 米（12 级大风的风速是 32.7 米/秒以上）。

龙卷风将粗壮的树干轻易地折断。

大多数龙卷风在北半球是逆时针旋转，在南半球是顺时针旋转，也有例外情况。卷风形成的确切机理仍在研究中，一般认为是与大气的剧烈活动有关。

至于龙卷风的成因，目前一般都认为与局部地区受热引起上下强对流有关，但强对流未必产生“真空抽水泵”效应似的龙卷风。前苏联学者维克托·库申提出了龙卷风的内引力-热过程的成因新理论：当大气变成像“有层的烤饼”时，里面很快形成暴雨云——大量的已变暖的湿润的空气朝上急速移动，与此同时，附近区域的气流迅速下降，形成了巨大的漩涡。在漩涡里，湿润的气流沿着螺旋线向上飞速移动，内部形成一个稀薄的空间，空气在里面迅速变冷，水蒸气冷凝，这就是为什么人们观察到龙卷风像雾气沉沉的云柱的原因。

龙卷风侵袭美国纽约。

然而，让人捉摸不透的是，在某些地区的冬季或夜间，没有强对流或暴雨云时，龙卷风却也每每发生，这就不能不使人深感事情的复杂了。

龙卷风虽常发生，但人们对它的规律却不甚了解，它经常会出现一些“古怪行为”使人难以捉摸，例如它席卷城镇，捣毁房屋，把碗橱从一个地方刮到另一个地方，却没有

被龙卷风揭掉屋顶的房子。1956 年 9 月 24 日，上海曾发生过一次龙卷风，它轻而易举地把一个 11 万千克重的大储油桶“举”到 15 米高的高空，再甩到 120 米以外的地方。

打碎碗橱里面的一个碗；被它吓呆的人们常常被它抬向高空，然后，又被它平平安安地送回地上；有时它会席卷一切，而有时在其中心范围内的东西却丝毫无损；大气旋风在它经过的路线上，总是准确地把房屋的房顶刮到两三百米以外，然后抛到地上，然而房内的一切却保存得完整无损。

除了上述的古怪行为以外，龙卷风的结构至今仍有很多不清楚的地方。因为龙卷风威力极强，研究人员如果从下面靠近它，会有致命危险；而龙卷风又是产生在巨型积雨云下方，所以也无法由上空观测，因此，科学家只能进行远距离观测或利用多普勒雷达。

对龙卷风的最新研究表明，它可以分为两种："上升气流式"龙卷风和"下降气流式"龙卷风。一般来说，小龙卷风的寿命很短，但当很多小龙卷风融合成大龙卷风时，它的寿命就可大大延长，威力也呈几何倍数增长。因此，一种有趣的现象就是，在大龙卷风内部有很多"迷你龙卷风"。

更多介绍

美国是受龙卷风侵害最多的国家，素有"龙卷之乡"的称谓，每年平均有750次龙卷风，最常发生在4～6月之间。在美国中西部，龙卷风是一种严重的自然灾害，因为龙卷风常成群出现，所以具有非常可怕的破坏力。从1985～1994年，每年平均发生龙卷风次数超过了1 000次，造成约50人死亡，逾千人受伤，经济损失超过80亿美元。

沙漠之谜

说到沙漠，也许你的脑海里就会出现这样一幅图景。“烈日炎炎，烧晒着戈壁大地，浩瀚的沙漠上，蒸腾着滚滚热浪。天空没有一丝云彩，也没有一点风。一支干渴的骆驼队艰难地行进着……”沙漠独特的生态环境隔绝了人烟，然而正是由于它的干旱、荒凉和与世隔绝，才形成了一种独特的神秘氛围，吸引各路探险家前仆后继地去破解它那些鲜为人知的秘密。

更多介绍

1996年《新疆军垦报》曾刊发了这样一条惊人的消息：有人在号称“死亡之海”的新疆塔克拉玛干沙漠里竟然发现了国家二级保护动物——可爱而又十分娇贵的白天鹅。这条消息引起了中外动物学家极大的震惊。

沙漠的形成之谜。据统计，地球上沙漠面积1 535万平方千米，占陆地的10.3%，我国沙漠面积116万平方千米，占国土的12.1%，而且这个数字似乎还在不断增大。那么，面积如此广大的沙漠究竟是怎样形成的呢？

传统的观念认为沙漠是地球上干旱气候的产物。从地球上沙漠分布来看，也证实了这一观点。目前世界上的大部分沙漠都集中在赤道南北纬15°～35°间，如北非的撒哈拉大沙漠、澳大利亚的维多利亚大沙漠、南亚的塔尔沙漠、阿拉伯半岛的阿拉伯沙漠等等。这是因为地球自转使得这些地带长期笼罩在大气环流的下沉气流之中，气流下沉破坏了成雨的过程，形成了干旱的气候，造成了茫茫的瀚海大漠。

科学家告诉我们，沙漠的形成有许许多多的原因，最重要的原因是岩石的风化。我们知道，地球上有1/3的陆地是

世界沙漠分布示意图

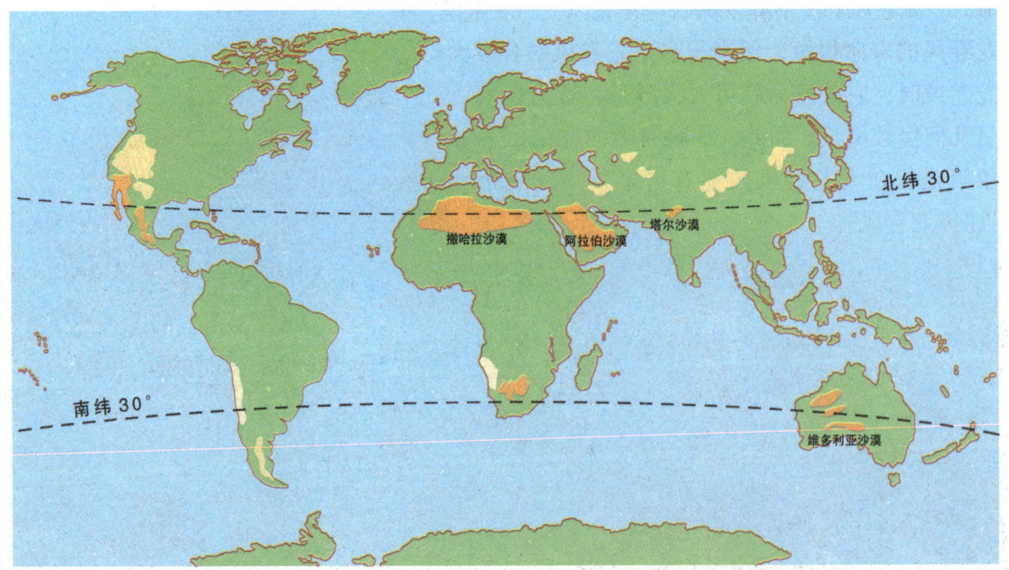

干旱区，那里降雨量少，气候干燥，日照强烈，水分蒸发快（水分的蒸发量是降雨量的几倍甚至十几倍），昼夜温差大。岩石在这种气候和温度变化下，终年经历着热胀冷缩的变化，最终碎裂成砂粒，形成沙漠。另一主要原因是地壳的变化，使湖泊河流消失，袒露出原来的泥沙，形成了沙漠。

▲ 对树木的任意砍伐造成了生态环境恶化，使土地沙化严重。

然而，这一理论并不能解释所有沙漠的成因，比如塔尔沙漠，它的上空湿润多水，而且当西南季风来临时，那里的空气中水汽含量几乎可与热带雨林区相比，但它的地上却是沙漠遍野。美国的科研人员经过研究，认为尘埃是形成沙漠的主要原因。

那么，这么多的尘埃又源于何处呢？有的学者指出，塔尔沙漠的尘埃最初是人类造成的，后来沙漠又加剧了它的密度。于是有人提出：有些沙漠是人为造成的，如任意砍伐森林，破坏植被，造成水土流失而形成的沙漠，通通是人类破坏生态环境的“杰作”！但也有人不完全同意上述观点，以世界上最大的沙漠——撒哈拉沙漠的演变为证据来说明。他们认为撒哈拉沙漠的形成最初是很缓慢的，直至公元前5000年，不知从什么地方飞来铺天盖地的黄沙，才使此地变成了辽阔无边的沙漠瀚海。然而若问这不期而至、突如其来的黄沙又是从哪个天国飞来的，却没有人能够准确地回答出来。

▼ 河流的存在，以干旱著称的沙漠造就了一条条绿色走廊。

沙漠开花之谜。众所周知，沙漠是干旱和寸草不生的代名词，然而凡事都没有绝对，在秘鲁南北狭长、宽度仅30～130千米的滨海区，地面广泛分布着流动的沙丘，属于热带沙漠气候。该地区年平均气温超过25℃，年降水量不足50毫米，南部低于25毫米，气候炎热干旱。但有的年份降水量突然成倍增长，沙漠中会长出较茂盛的植物，并能开花结果，这种现象被称为“沙漠开花”。据称这种现象与“厄尔尼诺”有关，但需要做进一步的探讨。

▲ 提到甘肃省境内的敦煌，人们无不想到最著名的石窟莫高窟，然而敦煌在1979年曾出现了一个世界罕见的奇景：沙漠中的水灾。

沙漠绿洲消失之谜：尽管沙漠干旱少雨，不利于植物的生长繁衍，但其中也是有绿洲的。在一望无际的沙漠中，偶尔你也会发现有一片葱绿的树林草丛，犹如沙海里的绿洲，那么它们是怎样形成的呢？沙漠绿洲大都出现在背靠高山的地方。每当夏季来临，高山上的冰雪消融，雪水汇成了河流，流入沙漠的低谷，就形成了地下水。地下水流到沙漠的低洼地带时就会涌出地面，形成湖泊。由于地下水滋润了沙漠，植物草丛开始慢慢生长繁衍，就形成了沙漠中的绿洲。据考察，世界上最大的撒哈拉沙漠就曾是一片绿洲。

空间遥感图片显示，在撒哈拉漫漫黄沙下几百米至几千米处，藏有30万立方千米地下水。这些水从何而来？撒哈拉不是海洋演化生成，为什么却发现了盐矿？撒哈拉最初的漫天黄沙又来自何方？这一切都有待进一步的解答。

▲ 骆驼素有“沙漠之舟”之称，它们常常顶着炎热的太阳，穿越滚滚沙暴，在沙漠中往返，充当交通工具，运载人们和商品。

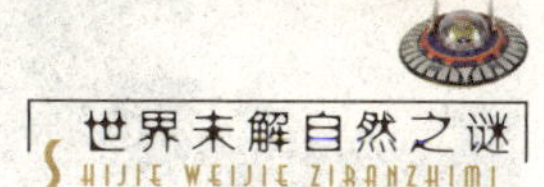

沙漠地下湖泊之谜。巴丹吉林沙漠位于内蒙古自治区西部的阿拉善盟境内，总面积 4.92 万平方千米，是世界第四大沙漠。这里地处西风环流带，北风劲吹，最大风速高达 9 米/秒，降雨量每年不足 40 毫米，而蒸发量大于 4 000 毫米，是我国极为干旱的地区之一。然而，在巴丹吉林沙漠深处，湖泊却星罗棋布，有 113 个之多。在极度干旱的沙漠里，为何会有如此之多的湖泊？这个谜团长期困扰着科学家。不过也有科学家称：原因在于这里的沙漠下面隐藏着一个大型的地下水库。这个大型地下水库与 500 千米以外的祁连山冰川积雪之间，可能存在着一条巨大的"调水通道"——祁连山深大断裂，但这一切都需要做进一步的证实。

▲ 沙漠的炎热、干旱与荒芜，俨然不是一个理想的生活之地，然而不少神秘的沙漠动物却在这里艰难而顽强地与恶劣的环境做着生存斗争。

◀ 秘鲁南北狭长、宽度仅 30 ~ 130 千米的滨海区，地面广泛分布着流动的沙丘，属于热带沙漠气候。有的年份降水量突然成倍增长，沙漠中会长出较茂盛的植物，并能开花结果。

更多介绍

中国沙漠学家发现，中国沙漠演变的历史可以追溯到 7 000 万年前的白垩纪，并且经过红色沙漠和黄色沙漠两大发展演变过程。

玛雅文明之谜

1839年，美国探险家史蒂芬斯和卡瑟伍德深入雨林腹地，发现了神奇而雄伟的古代宫殿遗址——玛雅古城科潘。他们的发现证实了一向被欧洲人视为荒蛮之地的美洲，曾有过堪与旧大陆古典时代比肩的辉煌文明。公元7世纪，玛雅人在没有驮畜、车辆或金属工具的情形下，建起集宫殿与神庙为一体、顶上矗立着一座天文观象台的宏大建筑物。令人诧异的是，玛雅文化遗留的一些庞然大物后来不知所踪，成为不解之谜。

更多介绍

他们对神有种近乎狂热的崇拜，每位玛雅人都认为，为神献身是一种非常神圣的事情，因此，他们经常举行祭祀典礼，纪念信奉的太阳神、雨神、风神、玉米神、战争之神、死亡之神等。这一点从他们的作品中可以看出来。

科潘古城"曝光"以后，吸引了一批又一批的考察队，他们在北达墨西哥南部的尤卡坦半岛，南至危地马拉、洪都拉斯，直抵秘鲁的安第斯山脉的广阔空间里，共发现了废弃的古代城市遗址达170余处，这些遗址所代表的即是为后人所称道的玛雅文化。玛雅文化是人类古代文明的一朵奇葩，它有许多令人惊叹之处，当然更有至今无法解开的谜团。

金字塔并非埃及的专利，美洲玛雅人也为世间留下了气度非凡的金字塔。

以太阳金字塔为例，塔基长225米，宽222米，和埃及的胡夫金字塔大体相等，基本上是正方形，而且也正好朝着

▼ 玛雅金字塔规模宏伟，构造精巧，其种种神秘情景，完全可以与埃及金字塔相媲美。

东南西北四个方向；塔的四面，也都是呈“金”字的等边三角形，底边与塔高之比，恰好也等于圆周与半径之比。它们的天文方位更使人惊骇：天狼星的光线，经过南边墙上的气流通道，可以直射到长眠于上层厅堂中的死者的头部；而北极星的光线，经过北边墙上的气流通道，可以直射到下层厅堂。

他们高超的建塔技术也很惊人，以库库尔坎金字塔为例，其塔基呈四方形，共分九层，由下而上层层堆叠而又逐渐缩小，就像一个玲珑精致而又硕大无比的生日蛋糕。塔的每面共有 91 级台阶，直达塔顶，四面共 364 级，再加上塔顶平台，不多不少，365 级，这正好是一年的天数。九层塔座的阶梯又分为 18 个部分，这又正好是玛雅历一年的月数。

▲ 玛雅人的面具

与埃及的金字塔不同的是，玛雅金字塔不完全是帝王的陵墓，而往往是一种祭坛。

在玛雅的众多谜团中，美洲人为何和如何建造金字塔并不是最离奇的，但玛雅人拥有的超越时空的天文知识和数学水平才是最让人不可思议的。

▲ 玛雅象形文字

玛雅人的天文台常常是一组建筑群。从中心金字塔的观测点往庙宇的东面望去，就是春分、秋分的日出方向；往东北方的庙宇望去，就是夏至的日出方向；往东南方的庙宇望去，就是冬至日出的方向等，像这样的天文台有好几处，最

负盛名的是伊查天文台。

奇怪的是，他们天文台的观察窗并不对准夜空中最明亮的星星，却对准肉眼根本无法看见的天王星和海王星。千百年前，玛雅人怎么知道它们的存在?

他们的历法也是奇特而又精确的。他们测出地球年是365.2420天，现在的准确计算是365.2422天，一年的误差不过0.0002天，也就是说，5 000年的误差也不过一天。他们还保留着一种特殊的宗教纪年法，每年13个月，每月20天，称为卓尔金年。玛雅人还准确地推演出这几种历法的神秘关系：地球年365天，金星年584天，隐藏着一个公约数：73，从而推导出有名的金星公式：卓尔金年260天×146=37 960天，地球年365天×104=37 960天，金星年584天×65=37 960天。

这就是说，所有的周期在37 960天之后重合。

玛雅文明诞生于公元前1000年，分为前古典期、古典期和后古典期三个时期，直到公元9世纪突然消失。玛雅人在这近2 000年间创造了辉煌的玛雅文明。

现在我们所看到的玛雅人那些具有高度文明的历史文化遗址，就是在公元8～9世纪间，玛雅人自己抛弃的故居。玛雅人抛弃自己用双手建造起来的繁荣城市，却要转向荒凉的深山老林，这种背弃文明、回归蒙昧的做法，是出于自愿还是另有其他原因呢?

史学界对此有着各种解释与猜测，譬如说：外族侵犯、气候骤变、地震破坏、瘟疫流行，都可能造成

更多介绍

1927年，在中美洲洪都拉斯玛雅神庙中发现了一颗水晶头颅，据传说，水晶头颅具有神奇的力量，是玛雅神庙中求神占卜的重要用具。但令研究者们困惑的却是，这颗水晶人头雕刻得非常逼真，不仅外观，内部结构都与人的颅骨骨骼构造完全相符。

伊查天文台是玛雅文化中唯一的圆形建筑物。一道螺旋形的梯道通向三层平台，顶上有个专门对着星座的天窗。从上层北面窗口厚达3米的墙壁所形成的对角线望去，可以看到春分、秋分落日的半圆;而南面窗口的对角线，又正好指着地球的南极和北极。

▼ 玛雅人修建神庙。

大规模的集体迁移，然而，这些假设和猜测都是缺少说服力的。在当时的情况下，南美大陆还不存在一个可以与玛雅对抗的强大民族，因此，外族侵犯之说就站不住脚。气象专家几经努力，仍然拿不出公元 8 ~ 9 世纪间，南美大陆有过灾难性气候骤变的证据。同样，玛雅人那些雄伟的石构建筑，有些已倒塌，但仍有不少历经千年风雨仍然保存完整，因此地震灾难之说可以排除。

至于瘟疫流行问题，看来很有可能，然而，在玛雅人盘踞的上万平方千米的版图内，要大规模地流行一场瘟疫，这种可能性是很小的。再说玛雅人的整体迁移，先后共历时百年之久，一场突发性的大瘟疫，绝无耗时如此长久的可能性。

有关玛雅文明的出现及其发展到目前仍是一个谜，与它奇迹般的崛起和发展一样，它的衰亡和消失也同样充满了神秘色彩。

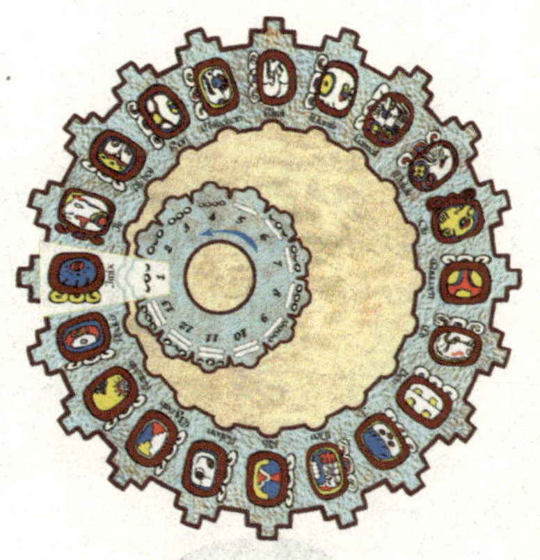

▲ 玛雅人测算的金星年是 584 天，和现代的测量相比，50 年内的误差只有 7 秒。

◀ 恰克-莫尔神像

▼ 气势宏大的战士神庙

地球起源之谜

地球是人类的摇篮，几千年来，人类从没有间断过对自己居住的这个星球的探索。地球的起源、地球上生命的起源和人类的起源，被喻为地球科学的三大难题。尤其是地球的起源，长期以来信奉上帝创造世界的宗教观念，自18世纪哥白尼提出了日心说，开普勒总结了行星绕日三大运动规律，牛顿发现了万有引力，以及伽利略望远镜的发明，使得神创说被彻底推翻，之后，开始出现各种关于地球和太阳系起源的假说。如今，对这个问题人们一直还在不断的探索当中。

▲ 康德

随着科学的不断发展，现代研究地球起源问题的人与成果已愈来愈多。人们并把它与太阳系的起源问题合起来加以研究，因为人们现已知地球是太阳系中的一颗行星。弄清了太阳系的来历，地球的身世之谜，也就随之解开了。关于地球和太阳系的起源，直到现在说法还不太统一。相对神创说，科学的假说有很多，其中最具代表性的主要假说有如下几种：

康德星云说：1755年，德国哲学家康德在其《自然通史与天体理论》一书中，提出了太阳起源的星云说。康德认为，宇宙太空中散布着微粒状的弥漫的原始物质，由于引力作用，较大的微粒吸引较小的微粒，并聚集形成大大小小的团块。团块形成后，引力也随之增大，聚集加速，结果在弥漫物质团的中心形成巨大的球体，由于排斥力和集结时的撞击力，使这一巨大的球体成为旋转体，原始太阳由此形成。而球体以外的原始物质在原始太阳的作用下，围绕太阳赤道形成扁平

的旋转星云，其星云物质又逐渐聚集成不同大小的团块,逐渐形成行星。行星在引力和斥力共同作用下绕太阳旋转并自转。其模式是：基本微粒—团块—行星。

尽管今天这一学说已失去了科学意义，但康德所作的努力是至关重要的,他的学说是关于地球起源的第一个假说。

▲ 拉普拉斯

拉普拉斯星云说：继康德之后，1796 年，法国数学家拉普拉斯在他的《宇宙体系论》中，独立地提出了关于太阳系起源的星云说。拉普拉斯认为，太阳系的原始物质是炽热的呈球状的星云，直径远大于现今的太阳系直径，并缓慢地转动。由于赤道附近离心力的不断增大，星云逐渐变成星云盘，当离心力超过向心力时，赤道边缘的物质便分离出来，形成一个旋转的环（拉普拉斯环），并相继分离出与行星数目相等的另一些环。星云的中心部分最后形成太阳，各环在绕太阳旋转过程中,环中的物质逐渐向一些凝块聚集形成行星。行星又以同样的方式分离出环，再凝结成卫星。这一成因模式可概括为:炽热的气体云—分离环—团块—行星。

拉普拉斯的假说既简单动人，又解释了当时所认识的太阳系的许多特点，以至竟统治了整个 19 世纪。

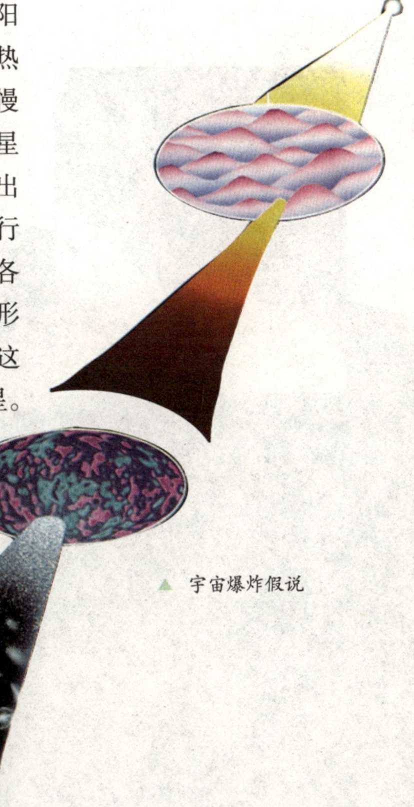

▲ 宇宙爆炸假说

霍伊尔-沙兹曼假说：20 世纪 60 年代，英国天文学家霍伊尔和德国天文学家沙兹曼从电磁作用机制提出新的假说。他们认为，原始太阳系是温度不高，转动不快的一团凝缩的星云，随着收缩的加剧，转动速度加快，当收缩到一定程度时，两极渐扁，赤道突出并抛出物质，逐渐形成一个圆盘。此后，中心

体继续收缩，最后形成太阳。由于星际空间存在着很强的磁场，太阳的热核反应发出磁辐射，使周围的气体圆盘成为等离子体在磁场内转动，当太阳与圆盘脱离时，就产生一种磁力矩，从而使太阳的角动量转移到圆盘上，并使圆盘向外扩展。由于太阳风的作用，轻物质远离太阳聚集成类木行星，较重的物质便在太阳附近聚集成类地行星。

戴文赛星云说：1974 年，中国天文学家戴文赛提出“星云说”，使中国对太阳系起源的研究进入世界先进行列。戴文赛认为，57 亿年前，有一个比太阳系大几千个的星际云，因为内部缩小产生旋涡流，并破裂成上千个星云团，其中一个形成太阳系的原始星云。原始星云收缩到大致为今天海王星轨道大小时，赤道处物质便不再收缩，但是星云内部的收缩还在继续，于是便形成了边缘较厚，中心较薄的双凹镜形的星云盘。盘心部分收缩密度较大而形成太阳，其余物质的固体微粒通过相互碰撞和引力作用，逐渐聚成行星。

宇宙撞击和爆炸假说：人类进入宇宙时代以来，发现行星和卫星上有大量的撞击坑。1977 年，肖梅克提出：固态物体的撞击是发生在类地行星上所有过程中最基本的。在此基础上提

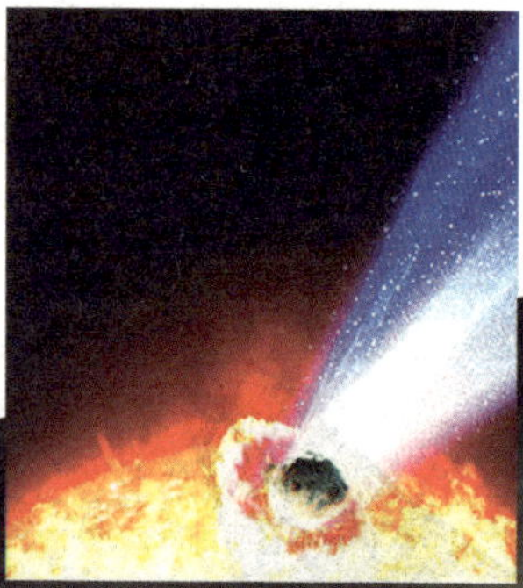

更多介绍

人类对地球和太阳系的系统科学研究，仅仅是 18 世纪中叶以后的事。直到今天，提出的学说多达 40 余种。除了比较流行的各种“星云说”外，还有一大类可归结为“灾变说”。

灾变说观点认为：太阳系（包括地球在内）是在一次激烈的偶然灾难事件后产生的。

出了宇宙撞击和爆炸的假说。这种撞击是分等级的，第四级的撞击形成月亮这样的卫星。具体过程是：一个撞击体冲击原始地球，引起爆炸，围绕地球形成一个气体、液体、尘埃和“溅”出来的固态物质组成的带，最初是碟状的，因旋转的向心力作用而成球状，失去了部分物质的地球也重新成为球状。

▲ 太阳的诞生

除了以上观点，还有其他形形色色的假说，然而，关于地球的起源问题，学者们至今仍各持己见，相信随着科学的发展，这个科学界的大谜团一定会真相大白。

▼ 太阳系的诞生

宇宙起源之谜

宇宙是一个广漠而浩渺的空间，其中存在着上千亿的星系，平均每一星系又约有上千亿的恒星及各类天体。千百年来，科学家们一直在探寻它是什么时候、如何形成的。尽管随着科学技术日新月异的发展，我们对宇宙空间有了许多新的认识，但是我们只有一个宇宙，建构一个合理的宇宙论并不容易，到目前为止，宇宙论标准模型——大爆炸学说，仍然有许多尚未解决的难题。因此，有关宇宙的起源问题，仍旧是当今的“四大起源之谜”之一。

古往今来，人类为探索宇宙的起源，提出了一系列的假说和解释。到了 20 世纪，有两种“宇宙模型”比较有影响。一种是稳态理论，另外一种是大爆炸理论。

稳态理论：若干世纪以来，很多科学家认为宇宙除去一些细微部分外，基本没有什么变化。宇宙不需要一个开端或结束。即使是在发现宇宙正在膨胀之后，这种想法也没有被放弃。托马斯·戈尔德，赫尔曼·邦迪及弗雷德·霍伊尔于 20 世纪 40 年代后期提出，物质正以恰当的速度不断创生着，这一创生速度刚好与因膨胀而使物质变稀的效果相平衡，从而使宇宙中的物质密度维持不变。这种状态从无限久远的过去一直存在至今，并将永远地继续下去。宇宙在任何时候，平均来说始终保持相同的状态。稳态理论所要求的创生速率很小，每 100 亿年中，在 1 立方米的体积内，大约创生 1 个原子。稳态理论的优点之一是它的明确性。它非常肯定地预言宇宙应该是什么样子的 。也正因如此，它很容易遭受观测事实的质疑或反驳， 当宇宙背景辐射被发现后，这一理论基本上已被否定。

更多介绍

1671 年，牛顿提出了万有引力定律。一个静态宇宙理论随之产生。他认为时间、空间是永恒不变的。用这一理论解释宇宙演化受到不少人的反对，就算是按照牛顿自己的理论来解释，天体最终还是会收缩在一起，静态宇宙不存在。

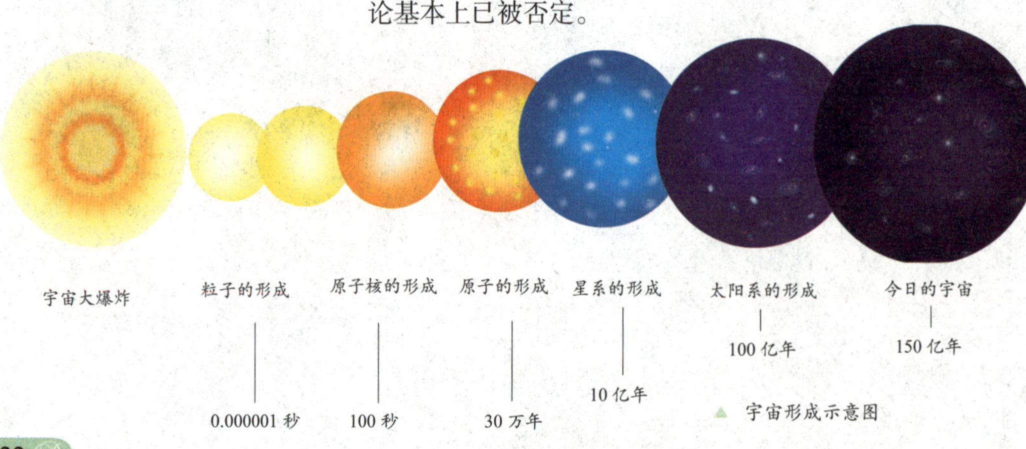

▲ 宇宙形成示意图

▲ 伽莫夫提出了原始火球大爆炸假设。

大爆炸理论：20 世纪 20 年代末，比利时科学家莱梅特神甫提出了原始的原子爆炸假设后，宇宙学研究进入了新阶段；到了 1946 年，美籍俄人伽莫夫提出了原始火球大爆炸假设，为宇宙在大尺度时空结构和物质演化方面提供了一个较好的设想模式。如今，这种“大爆炸理论”已被众多科学家接受，成为现代宇宙系中最有影响的一种学说。与其他宇宙模型相比，大爆炸理论能说明较多的观测事实。它的主要观点是认为我们的宇宙曾有一段从热到冷的演化史。在这个时期里，宇宙体系并不是静止的，而是在不断地膨胀，使物质

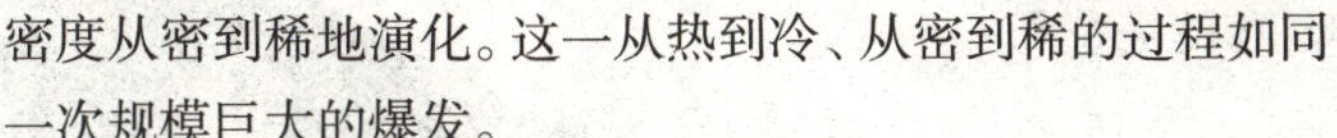

密度从密到稀地演化。这一从热到冷、从密到稀的过程如同一次规模巨大的爆发。

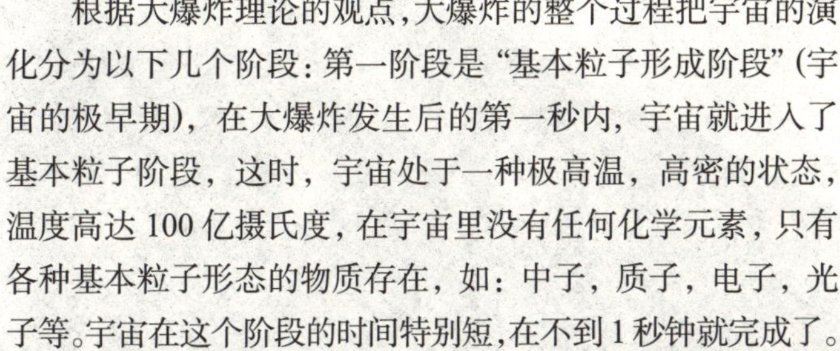

根据大爆炸理论的观点，大爆炸的整个过程把宇宙的演化分为以下几个阶段：第一阶段是“基本粒子形成阶段”（宇宙的极早期），在大爆炸发生后的第一秒内，宇宙就进入了基本粒子阶段，这时，宇宙处于一种极高温，高密的状态，温度高达 100 亿摄氏度，在宇宙里没有任何化学元素，只有各种基本粒子形态的物质存在，如：中子，质子，电子，光子等。宇宙在这个阶段的时间特别短，在不到 1 秒钟就完成了。

第二阶段是“辐射阶段”，也是元素起源阶段。这一阶段是从大爆炸后的第一秒到三分钟，此时，宇宙就进入了辐射阶段，这时宇宙的温度降到 10 亿度左右，宇宙各处都充满了辐射，在以辐射为主阶段的后期，实物（质子，中子，电子等粒子）已开始发生了很大的变化，当温度进一步下降时（时间约为三分钟），中子开始失去自由存在的条件，开始与质子合成重氢（氘），氦等核元素，于是就形成了几种不同的化学元素，核合成结束后，氦的含量按质量计算占 25%～30%，氘占 1%，其余大部分都是氢，由于氦十分稳定，所以这些氦能够一直保留到今天，这一阶段足足持续了将近一万年！

▲ 牛顿

第三阶段是“实物阶段”，它大约在大爆炸后一万年。随着宇宙的膨胀，温度下降到几千摄氏度，实物密度大于辐

射密度，辐射退居次要位置，辐射减退后，宇宙间主要是气状物质，由于这种实物物质不再受辐射的影响，当发生某种非均匀扰动时，有些气体物质在引力的作用下凝聚成气体云，气体云再进一步收缩就产生了各种各样的星系，成为我们今天所看到的宇宙，在无数恒星的演化中产生了太阳，太阳系。

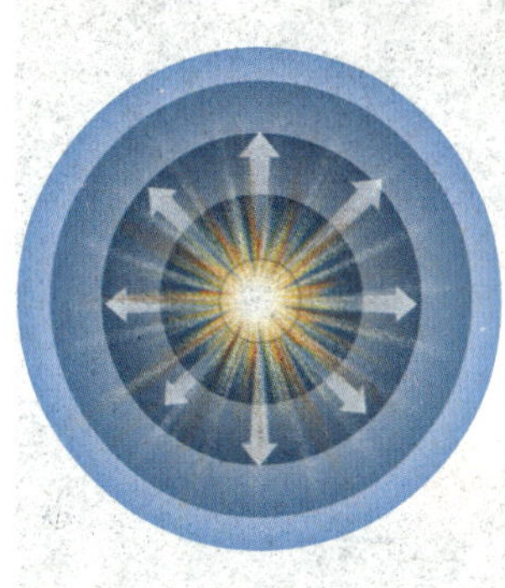

整个宇宙在一个时间原点发生大爆炸中诞生，一旦产生了时间，空间就开始膨胀。同样，一旦产生了空间，时间就开始走动。

大爆炸模型能统一地说明以下几个观测事实：第一，大爆炸理论主张所有恒星都是在温度下降后产生的，因而任何天体的年龄都应比自温度下降至今天这一段时间为短，即应小于 200 亿年。各种天体年龄的测量证明了这一点。第二，观测到河外天体有系统性的谱线红移，而且红移与距离大体成正比。如果用多普勒效应来解释，那么红移就是宇宙

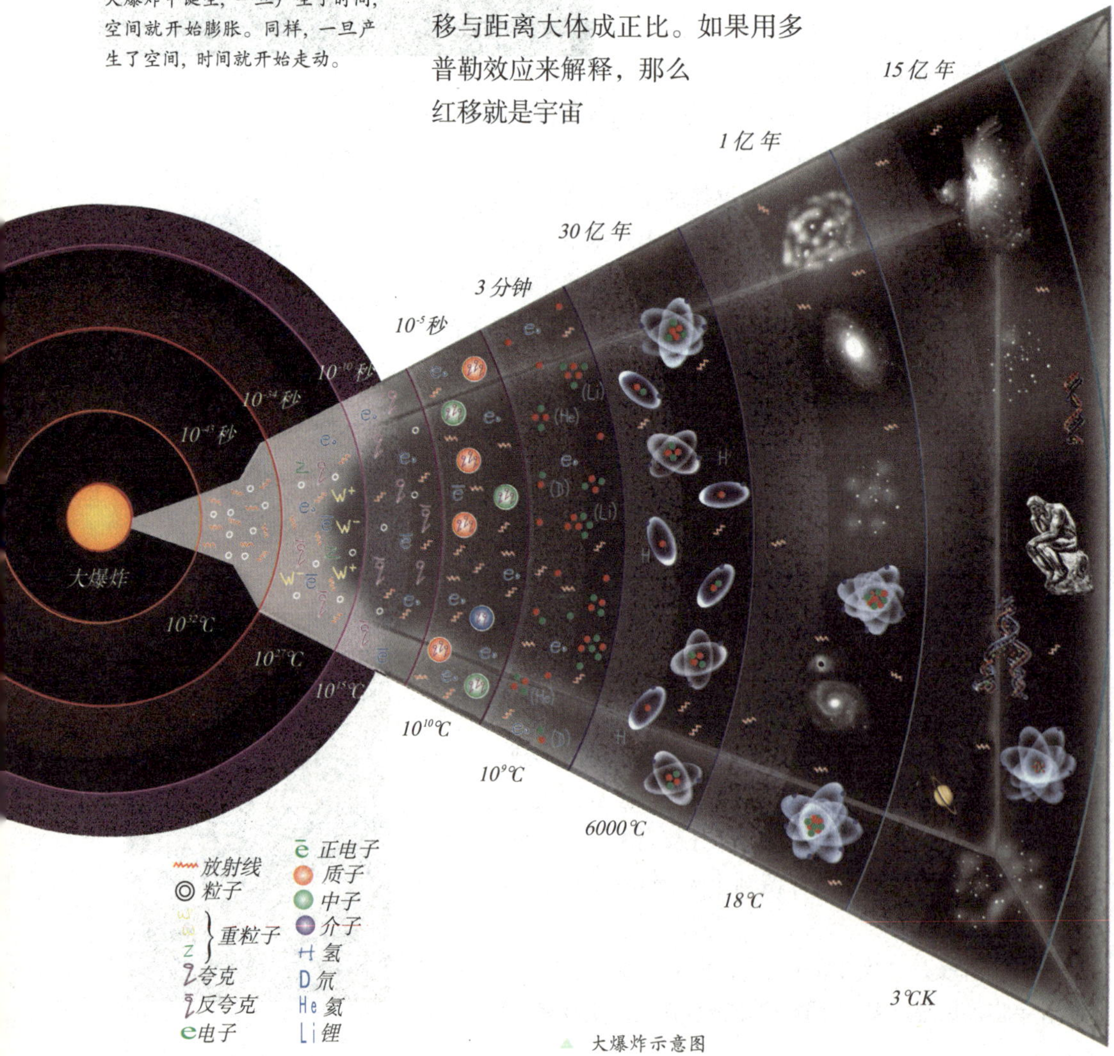

大爆炸示意图

膨胀的反映。第三，在各种不同天体上，氦丰度相当大，而且大都是 30%。用恒星核反应机制不足以说明为什么有如此多的氦。而根据大爆炸理论，早期温度很高，产生氦的效率也很高，则可以说明这一事实。第四，根据宇宙膨胀速度以及氦丰度等，可以具体计算宇宙每一历史时期的温度。大爆炸理论的创始人之一伽莫夫曾预言，今天的宇宙已经很冷，只有绝对温度几度。20 世纪 60 年代中期，美国无线电工程师阿尔诺·彭齐亚斯和罗伯特·威尔逊发现了“宇宙微波背景辐射”，1965 年，他们在微波波段上探测到具有热辐射谱的微波背景辐射，温度约为 3K。这一发现也给大爆炸理论提供了有力的支持。此外，天体质量中存在大量氦，以及天文学家观测到的所有星体年龄都未超出 100 亿年这一事实都支持了这一理论。

从目前来看，大爆炸理论与实际最为接近。然而，由于它还存在一些问题，比如该理论尚不能确切地解释，“在所存物质和能量聚集在一点上”之前到底存在着什么东西？有鉴于此，谁也不能肯定宇宙就是这样起源的。因此，我们说宇宙起源之谜仍未完全揭开。

▲ 20 世纪 20 年代后期，美国天文学家爱德温·哈勃发现了红移现象，说明宇宙正在膨胀，这为大爆炸理论找到了直接的证据。

▲ 20 世纪 60 年代中期，阿尔诺·彭齐亚斯和罗伯特·威尔逊发现了“宇宙微波背景辐射”。

更多介绍

随着广狭相对论的提出，人们开始以新的理论来解释宇宙。经过许多人的努力，在宇宙的起源问题上，大爆炸理论日趋深入人心。至于宇宙的未来，有人认为宇宙将无限膨胀下去，在 10 000 亿年后消亡，所有的星体最后都会形成“黑洞”，中子星或黑矮星而终结。还有一种观点认为宇宙膨胀到一定时期后会开始收缩，1 000 亿年后又将缩成一点，而后再次爆炸，形成新的宇宙。

月亮之谜

自古以来，静谧皎洁的月亮极富诗情画意，因此关于月球的美丽传说特别多，像中国的嫦娥奔月、吴刚伐桂等。然而，在1969年7月19日，美国“太阳神”11号太空船登陆月球时，宇航员们却什么都没有看到，那里有的只是黑沉沉的天空和遍布的尘土、岩石和环形山。月球上没有水，没有生命，是一片地地道道的荒漠。然而，相关工作者们并没有因为美丽幻想的泯灭而停止对科学的探索，它上面有些什么东西？它的起源是什么……为了揭示月球种种的奥秘，他们付出了艰辛的努力。

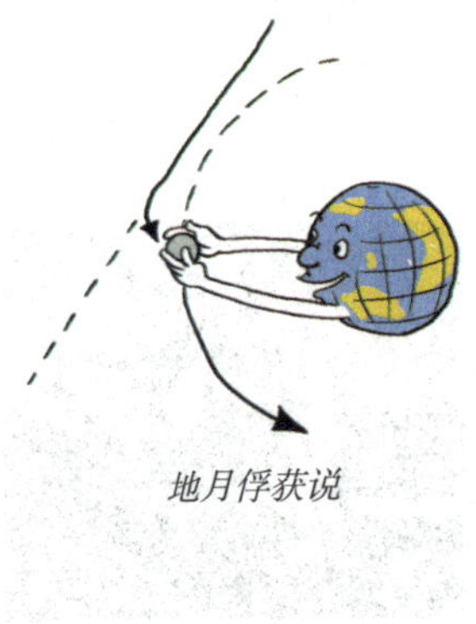

地月俘获说

月球上没有空气和水，因此就不会产生风、云、雨、雪等气象现象。月面上温度变化剧烈，白天可达127℃，夜间可降到－185℃。因此，这皎洁明亮的“广寒宫”实际上是个万籁俱寂的不毛之地，一个没有任何生命的世界。

月球上还有幽深、狭窄而弯曲的月谷，有的竟长达几百千米。月球表面上覆盖着一层称为“月壤”的细碎物质，由月尘、岩屑等物质构成。月球本身不发光，也不发热。它的上面没有大气层保暖，没有海洋调节，加上每次白天太阳连晒10天，黑夜也长达近半个月，所以白天、黑夜的温度差别十分大。

目前有关月球起源的说法有三种，第一个假说是月球和

哥白尼环形山

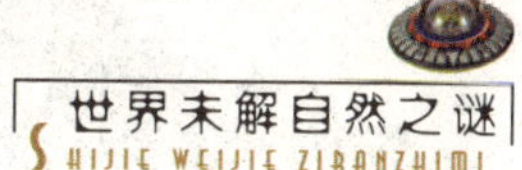

地球一样，是在46亿年前由相同的宇宙尘云和气体凝聚而成的；第二个假说是月球是由地球抛离出去的，抛出点后来形成了太平洋；第三个假说是月球是宇宙中个别形成的星体，行经地球附近时被地球重力场捕获，而环绕地球运行。

地月分裂说

原本多数科学家相信第一种说法，也有少数相信第二种说法，可是自从太空人登上月球，取回不少月球土壤，经化验分析知道月球成分和地球不同，地球是铁多矽少，月球是铁少矽多；地球钛矿很少，月球很多，因此证明月球不是地球分出去的，第二种说法站不住脚了。同样的原因，也使得第一个假说动摇了，因为，如果地球和月球是在46亿年前经过相同过程形成的，那么成分应该一样才对，为何差异会那么大呢？所以，科学家只好也放弃第一种说法。现在只剩第三种说法了，可是如果是其他地方飞来的星体，飞进太阳系后，太阳引力比地球引力大很多，照理讲月球应该受到太阳的引力而飞向太阳，不是受到地球的引力留在地球上空

▲ 月球的起源对人类来说一直是一个未解的科学之谜，引起了不少科学家的兴趣。经过研究，科学家们提出了形形色色的假说，但至今仍没有定论。上图为月球起源示意图。

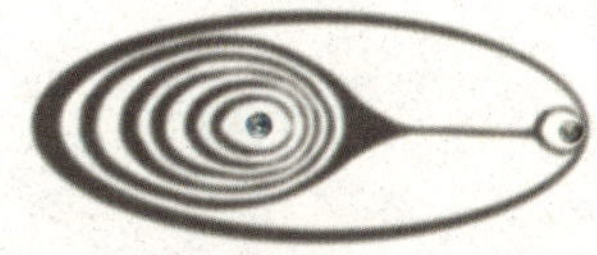

地球同源说

的。综观上述三种假说，没有一项能解答所有疑问，也没有一项经得起严格的质问。

事实上，时至今日，“月球来自何处”仍是天文学未定之论。

除此之外，月亮还有许多难以解释的奇妙现象。首先是：月球距地球平均距离约为38万千米；太阳距地球平均距离约为1.5亿千米，两两相除，我们得到太阳到地球的距离约为月球到地球的395倍远。太阳直径约为138万千米，月球直径约为3 400多千米，两两相除，太阳直径约为月球的395倍大。395倍，多么巧合的数字！我们知道，由于距离抵消大小的关系，使得月亮和太阳这两个天体在地球上空看起来，它们的圆面变得一样大！这个现象是自然界产生的还是人为的？宇宙中哪有如此巧合的天体？从地面上看过去，两个约略同大的天体，一个管白天，一个管夜晚，太阳系中，还没有第二个同例。

▲ 从月球上采集回来的岩石标本。

其次，它还是一颗不寻常的大卫星。太阳系若干行星拥有卫星，这是自然现象，但是我们的月球作为一个卫星，却显得有些不同寻常，因为它的体积和母亲行星相比实在是太大了。我们来看看下列数据：地球直径12 756千米，卫星月球直径3 467千米，是地球的27%；火星直径6 787千米，有两个卫星，大的一个直径23千米，是火星的0.34%；木星直径142 800千米，有13个卫星，最大的一个直径5 000

更多介绍

除了上面所提到的，月球还存在种种不可思议：首先，它比自己的母星地球更为古老。其次，月球的土壤比岩石更久远。再次，月球受撞击后会发出巨响。另外，月球表面不少地方光滑如镜，好像被什么不知来源的酷热“烫”过了一样。

◀ 1969年7月19日，阿姆斯特朗和艾尔德林登上月球。这是人类首次登上月球。

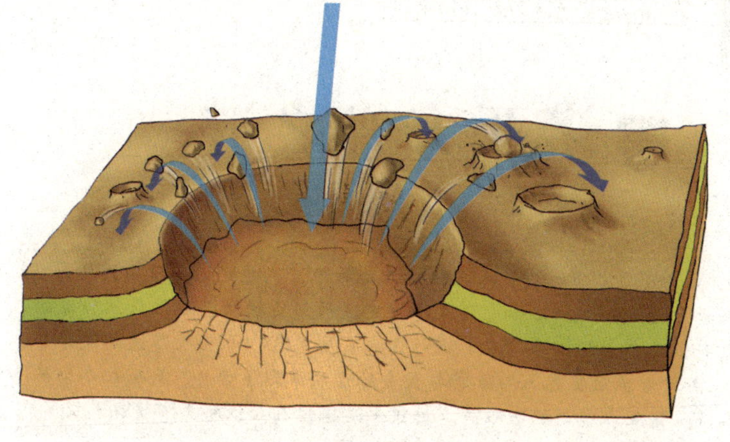

月面上的环形山形成示意图

千米，是木星的3.5%；土星直径120 000千米，有23个卫星，最大的一个直径4 500千米，是土星的3.75%。看一看，其他行星的卫星，直径都没有超过母亲行星的5%，但是我们的月球却大到27%，这样的体积实在有些“大得不自然”了。

然后，是奇怪的陨石坑。科学家告诉我们，月球表面的坑洞是陨石和彗星撞击形成的。地球上也有一些陨石坑，科学家计算出来，若是一颗直径几千米的陨石，以每秒3万千米的速度撞到地球或月球上，它所穿透的深度应该是直径的4～5倍。地球上的陨坑就是如此，但是月球上的就奇怪了，所有的陨石坑竟然都浅得有些不可思议。

最后，还有它的金属来源之谜。月球陨石坑有极多的熔岩，这不奇怪，奇怪的是这些熔岩含有大量的地球上极稀有的金属元素，如钛、铬、钇等等，这些金属都很坚硬，耐高温，抗腐蚀。科学家估计，要熔化这些金属元素，至少需要二三千度以上的高温，可是月球是太空中一颗众所周知的“死寂的冷星球”，起码30亿年以来就没有火山活动，那么，月球上是如何产生出如此多需要高温的金属元素呢？

所有的这一切我们到现在还无法圆满解释，种种推论需要科学家作进一步的证实。

月球的结构

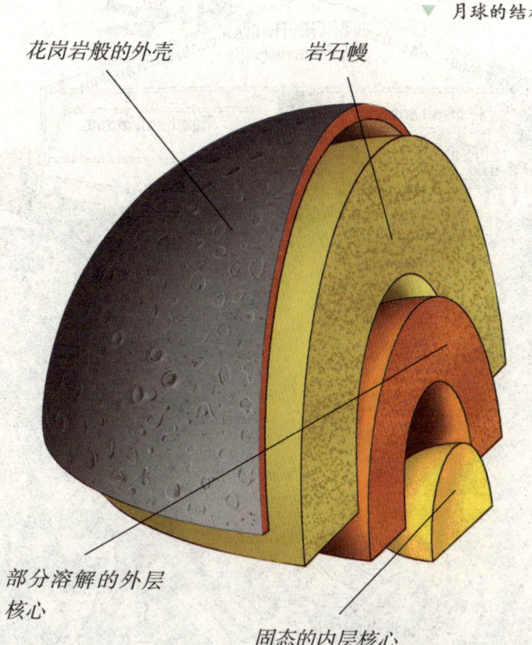

诺亚方舟之谜

根据《圣经》里的记载，因为有了诺亚方舟，人类和各种动物才得以逃脱上帝愤怒的惩罚。所以，人们总想知道有关诺亚方舟的一切，比如它的大小、建造所用的材料、航行日期和停泊地点。为了寻找这只神秘之舟，几个世纪以来，人类进行了上百次探险，很多人都说见过方舟的踪影，20 世纪 80 年代，业余考古学家罗恩·怀亚特甚至宣称已经找到了方舟，然而如今仍然没有确切的证据证明它的存在。诺亚方舟的秘密难道真的被永远冰封在亚拉腊山中了吗？

▲《圣经》

《圣经》中记载的“诺亚方舟”的故事，说的是义士诺亚为躲避洪水用歌斐木建造了一叶方舟，书中说方舟最后停在了亚拉腊山上。

根据这个记载，人们不断地试图去寻找方舟，以解开《圣经》和人类之谜。亚拉腊山在现实中是一座真实的山，它位于土耳其东端，靠近伊朗与亚美尼亚的边界处，是一座海拔 5 065 米的死火山，山顶自古就被冰川覆盖着。最早翔实记载亚拉腊山的人是 13 世纪意大利探险家马可·波罗，他在书中指出，该山便是诺亚方舟之山，山顶留有诺亚方舟。不过，住在这个地方的阿尔明尼亚人把这座山尊崇为神圣的山，他们相信人若登上山顶会被上帝惩罚，长期以来，谁也没有爬过它。

▼诺亚建造方舟的情景。

尽管方舟是否真的存在现今未有定论，但是人们追寻诺亚方舟的热情却有增无减，因为《圣经》中记载的很多事情都被证实，譬如，在一次战争中，一位军官根据《圣经》中的记载，成功地找到了大山里的一条秘密小道，并通过这条小道突然出现在敌人面前，取得巨大胜利。如果能证明“诺亚方舟”也是真实的，那么这个发现肯定将在全世界引起轰

动。所以，很多年以来，许多国家的圣经考古学家都希望揭开这个千古之谜。

很多人说见过方舟的踪影，有些人甚至宣称找到了方舟，但都没有确切的证据。如今，至少有3个美国小队在搜寻这艘诺亚方舟，他们都将重点放在《圣经》里提到的亚拉腊山的西南麓。他们说从当地一些地形“看出”有方舟停靠的痕迹，但其他考古学家却嗤之以鼻，表示类似这样的痕迹在亚拉腊山上更多。还有极少数人相信方舟搁浅在伊朗西北山区，他们说那些山脉是亚拉腊山延伸过来的。

近年来盛行一种说法，认为传说中的“方舟”就搁浅在亚拉腊山脉面向黑海的一个山坡上，而且很可能因为黑海的暴涨而沉入了黑海海底。

▲ 诺亚放飞鸽子。

▼《圣经》中所载上帝用洪水惩罚人类——当洪水袭来，人群慌乱地寻找生存的空间。

对于海洋探险家来说，黑海是一个神秘莫测而又令人神往的地方，因为这片水域隐藏着许多罕见的自然现象和鲜为人知的秘密。这片海域总面积约18万平方千米，最深处超过2 100米，是世界上最大最深的内海之一。它的上层是一个淡水带，其中有丰富的渔产和其他生物；下层则是咸水带，这个咸水带长期处于一种封闭和停滞状态，形成了特殊的无氧且有毒的环境。理论上，这种环境中几乎不可能有生物存在，所以任何物品、沉船乃至人体遗骸一旦沉入这个水域，就好像进入了一个真空柜，永远不会腐烂和消失。如此推断，远古的"方舟"若沉于此，岂不是安然无恙？

▲ 亚拉腊山山顶

另外，由于国际政治方面的原因，该海域的大部分区域遭到严密的封锁，致使许多海洋探险家和科学家望洋兴叹、望眼欲穿。

冷战结束后，科学家们根据对黑海一带自然环境的研究，推测此地的确可能发生过毁灭性的大洪水。2000年9月13日，由美国著名的"海底神探"巴拉德率领的一支考古探险队发布消息表示，他们在近100米深的黑海海底发现了古代人类的建筑，此外，他们还发现

▲ 卫星上拍摄的黑海。

▼ 人们一直相信，《圣经》中提到的诺亚方舟搁浅在亚拉腊山上。

千百年来，诺亚方舟一直都是人们追寻的对象，相关漫画层出不穷。

了两艘古代船只的残骸。由于这里曾于 7 500 年前发生过严重的洪水，科学家相信，这可能是与圣经故事“诺亚方舟”有关的遗迹，甚至是“诺亚方舟”故事的起源地。“诺亚方舟”存在之说，一直是专家学者的争议焦点，这次黑海的海底发现，使持这一论点的科学家兴奋不已。

被诺亚放飞的鸽子，如今已成为和平的象征。

但是，在评选出的“20 世纪 10 大骗局”当中，“诺亚方舟的发现”被列在了第三位。其入选理由是：1984 年，英国考古人员宣布在埃及“发现”了《圣经》中记载过的“诺亚方舟”，并配发了多张图片，但事实上，按《圣经》记载，诺亚方舟为世界上每一个物种都留了一个位置，据此算来，这样大的船，至今人类都无法造出来。更重要的是，《圣经》中记载的诺亚方舟，从没有到过或试图接近过埃及，这一说法对众多热衷寻找诺亚方舟的人来说，无疑是一个很大的打击。

其实，无论诺亚方舟是真是假，作为一个没有定论的谜团，它的存在至少表达了人类自身对善良、真诚、美好的祈愿。

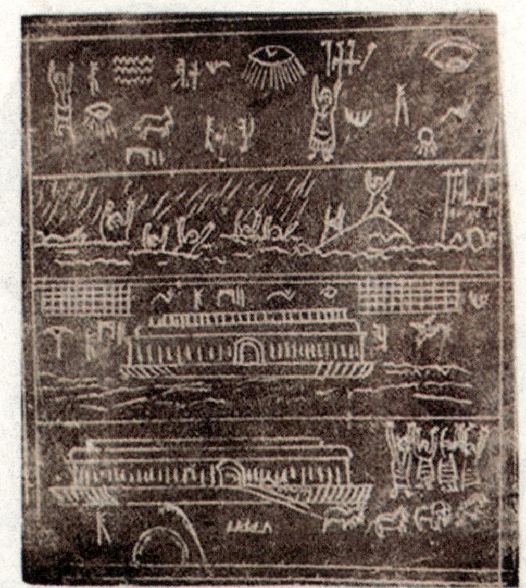

在美国密歇根州发现的关于史前文化的小册子上画有类似讲述诺亚方舟的图画。

海洋之谜

在我们这个星球上，人类唯一没有征服的地方就是洋底世界。地球有71%的表面是海洋，辽阔的海洋与人类活动息息相关。海洋是水循环的起始点，又是归宿点，对于调节气候有巨大的作用；海洋为人类提供了丰富的生物、矿产资源和廉价的运输，是人类的一个巨大的能源宝库。然而，大洋的最深处是什么样子，人们并不清楚。神秘的海洋，总以其博大幽深，吸引着人们对它的思索。随着科技的进步，人类对海洋的了解正日益深入，但它仍有许多不为人知的秘密，等待着人类的探索和开发。

地球刚诞生的时候，表面既没有水柔浪细的河流，也没有烟波浩渺的海洋。和宇宙万物一样，海洋也有一个形成、发展和消亡的过程。海洋最初的形成必定是人们探索的首要问题。

关于海洋的形成，最初的假说是“冷缩说”，还有一种是“分离说”，但这两个假说对以后的研究和发现都不能做出正确的解释，因此都不能成立。直到20世纪60年代初，建立在当时的地球物理科学基础上的“海底扩张说”才应运而生，它科学地解释了大洋

正在形成中的

地核逐渐形成

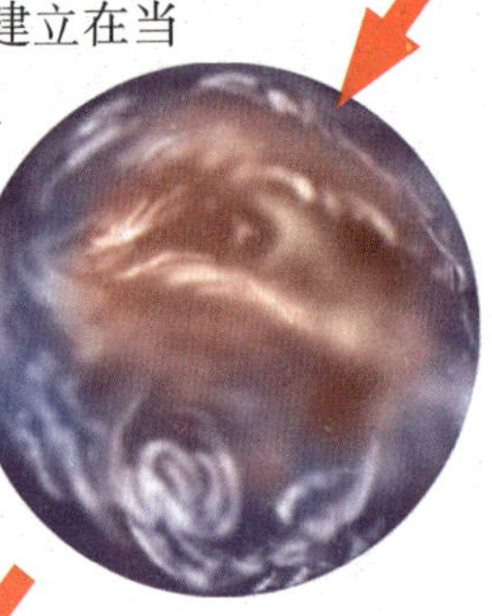

大气逐渐形成

海洋形成示意图

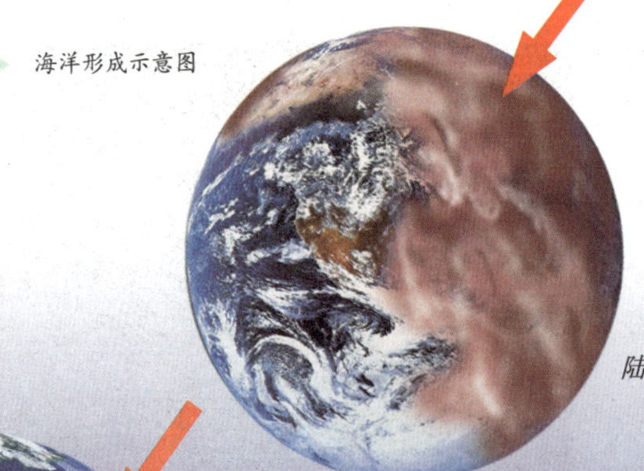

陆地逐渐形成

更多介绍

海洋的神秘之处还有很多，除了海洋的诞生之谜外，还有“海洋发光之谜”“太平洋洋脊偏侧之谜”“北冰洋的海底扩张之谜”“西太平洋洋底地貌复杂之谜”“阿留申岛弧之谜”……多得数都数不清，它们有的已被人类破解，有的依然保持着神秘的面纱，所以仍然需要我们进行不断的探索，把它们一一破解。

地壳的形成问题，在此基础上发展起来的“板块构造学说”进一步用地球板块的产生、消亡和相互作用来解释地球的构造运动。这两个学说给“大陆漂移学说”注入了更科学的新鲜血液，以“板块理论”的形式出现，更好地解释了海洋的形成和发展的问题。

板块理论认为，大洋的诞生始于大陆地壳的破裂。地壳由于内部物质上涌产生隆起，在张力作用下向两边拉伸，从而导致局部破裂，形成一系列的裂谷与湖泊，现代东非大裂谷便是一个典型的例子。后来大陆地壳终于被拉断，岩浆沿裂隙上涌，凝结而成大陆地壳，一个新的大洋从此诞生。

解决了洋盆，剩下就是海水的问题了。科学家认为：原始地球物质构成岩石初期，含有大量的水分和气体。由于地球的重力作用，岩石间越来越挤紧，硬是将岩石中的水气赶出来，它们不断汇集在地下，终于使地球产生地震，引起原始火山喷发。这时在地下受到挤压的大量水汽，终于摆脱岩石的桎梏，随着火山、地震从地壳中呼啸而出。火山喷出的水蒸气，是地球上水的重要来源；当熔岩冷却结晶时也能释放出大量的水，归根结底，水与大气都是从地球内部来的。这些水在地壳的低洼处汇合后聚集起来，由于漫长的地质积累，于是，地球上便出现了原始的海洋。

在最初的数亿年里，由于原始地球地壳较薄，再加上小天体的不断撞击，造成地球内的熔岩不断流出，地震、火山喷发现象随处可见。

此外，海洋还有很多神秘之处。首先我们来破解一下海水含盐之谜。实际上，原始的海水并非一开始就充满了盐分，最初它和江河水一样也是淡水，并不像今天这么咸。但是由于地球上的水在不停地循环运动，每年海洋表面有大量水分蒸发，其中部分水分通过大气运动输送到陆地上空然后形成降水再落到地面上，冲刷土壤，破坏岩石，把陆上的可溶性物质（大部分是各种盐类）带到江河之中，江河百川又回归大海。这样，每年大约有 30 亿吨的盐分被带进海洋，海洋便成了一切溶解盐类的“收容所”。而在海水的蒸发中，纳入的盐类又不能随水蒸气升空，只得滞留在海洋之内。如此周而复始，海洋中的盐类物质越积越多，海水也就变得越来越咸。当然，这是一个极为缓慢的过程，经过数亿年甚至更久的岁月，海水中的盐分越来越多，就越来越咸了，变成了现今的海水。

其次，是海水的颜色之谜。晴朗的夏日，面对烟波浩淼的大海，蔚蓝色的海面，辉映着蔚蓝色的天穹，极目远眺，水天一色，极为壮观。而事实上，海洋水和普通水并没两样，都是无色透明的。为什么看见的海水呈蓝色呢?原来，蔚蓝色的海水形成的原因是海水对光线的吸收、反射和散射的缘故。人眼能看见的七种可见光，其波长是不同的，它们被海水吸收、反射和散射程度也不相同。其中波长较长的红光、橙光、黄光，穿透能力较强，最容易被水分子吸收，射入海水后，随海洋深度的增加逐渐被吸收了。一般来说，当水深超过 100 米，这三种波长的光，基本被海水吸收，还能提高海水的温度。而波长较短的蓝光、紫光和部分绿光穿透

海水吸收阳光的现象

10 米
20 米
30 米
40 米

海水是无色透明的，跟我们生活中自来水的颜色是一样的。只不过因为太阳光透过海水把蓝色、绿色反射到我们的眼中，所以海水看起来就成蓝色的了。

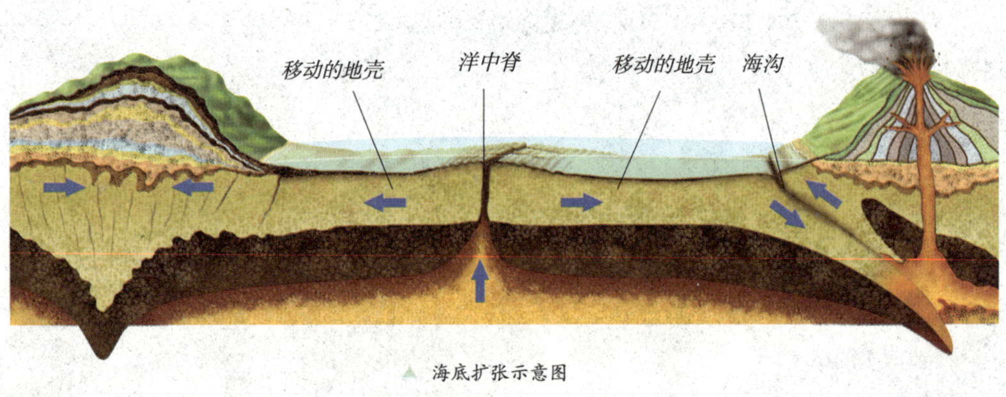

海底扩张示意图

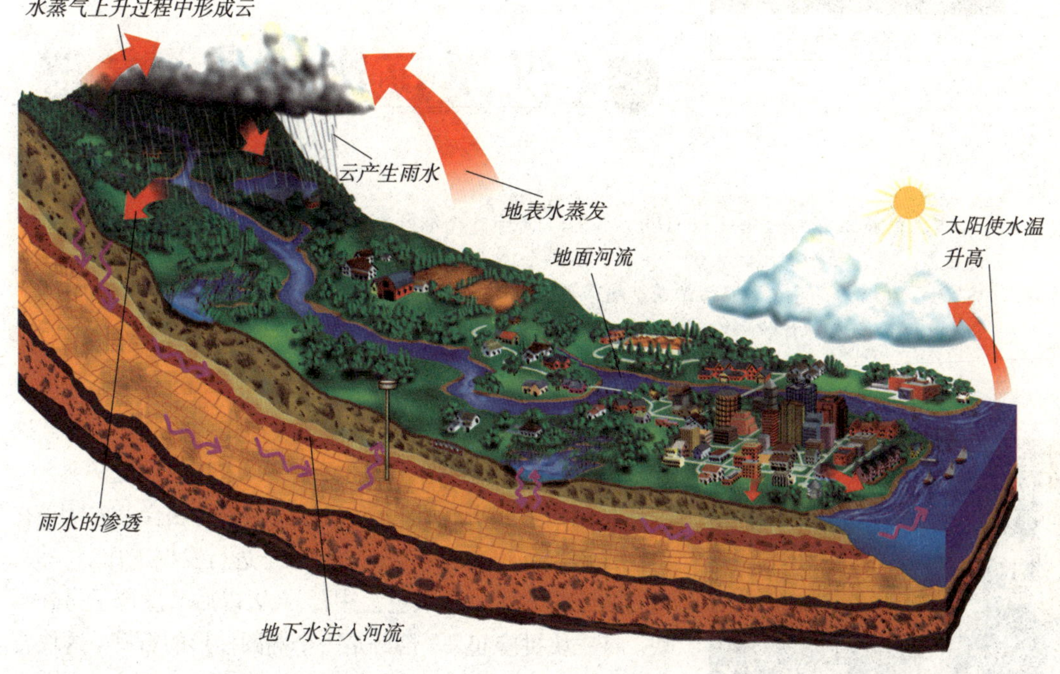

能力弱，遇到海水容易发生反射和散射，这样海水便呈现蓝色了。

紫光波长最短，最容易被反射和散射，为什么海水不呈紫色?科学实验证明，人眼对可见光有一定偏见，对红光虽可见到，但是感受能力较弱，对紫光也只是勉强看到，由于人的眼睛对海水反射的紫色很不敏感，因此往往视而不见，相反，对蓝绿光都比较敏感，这样，少量的蓝绿光就会使海水呈现湛蓝或碧绿的颜色。

此外，神秘的海洋还有许多地方等待我们去探索和开发，我们期待这一天能够早点到来。

▼ 如今，人们已经开始利用具有大容量、高可靠性、优异的传输质量等优势的海底光缆，作为信息探测、传送的主力，海底世界的奥秘将逐步被人类揭开！

《汉谟拉比法典》之谜

《汉谟拉比法典》(the Code Hammurabi)是古巴比伦国王汉谟拉比颁布的一部法律，被认为是世界上最早的一部比较系统的法典。法典全文用楔形文字铭刻，除序言和结语外，共有条文282条。包括诉讼手续、损害赔偿、租佃关系、债权债务、财产继承、对奴隶的处罚等。只是在它身上至今还有种种神秘的地方为我们所不知……

▲ 汉谟拉比让官员记录法典的内容。

人类在4 000多年前就留下了较为完备的成文法典。这就是世界上的第一部成文法——《汉谟拉比法典》。

1901年12月，法国人和伊朗人组成的联合考古队正在伊朗西南部一个名叫苏撒的古城旧址进行发掘工作。一天，考古人员发现了一块黑色玄武石，几天以后又发现了另外两块。将三块拼凑起来，恰好是一个椭圆柱形的石碑。这块石碑高达2.25米，底部圆周长为1.9米，顶部圆周长为1.65米。石碑相当精美，上图下文。在石碑上半段那幅精致的浮雕中，古巴比伦人崇拜的太阳神沙马什端坐在宝座上，古巴比伦王国国王汉谟拉比十分恭敬地站在他的面前。沙马什将一把象征帝王权力标志的权杖授予汉谟拉比。下部是用典型的阿卡德语（即巴比伦语）楔形文字镌刻的铭文，其中有少数文字已被磨光。历史学家和考古学家们经过缜密考证后断定，这就是著名的《汉谟拉比法典》。

更多介绍

关于《汉谟拉比法典》的形成，有人认为它是巴比伦王国特殊的自然环境的产物。也有人认为，汉谟拉比制定法典并将其刻写在石碑上只不过是为了宣扬自己的威严。

▶ 汉谟拉比在法典的序言中写道："安努与恩里尔为人类福祉计，命令我，荣耀而畏神的君主，汉谟拉比，发扬正义，于是，灭除不法邪恶之人，恃强不凌弱，使我有如沙马什，照临黔首，光耀大地。"

▲ 汉谟拉比头像雕塑

原来，公元前3 000多年前，在今天伊朗迪兹富尔西南的苏撒盆地有一个强大的奴隶制王国，叫埃兰（又译依兰），古城苏撒就是埃兰王国的首都。公元前1163年，埃兰人攻占了巴比伦之后，便把刻着汉谟拉比法典的石柱作为战利品搬回到了苏撒。埃兰王国后来被波斯消灭。公元前6世纪时，波斯帝国国王大流士镇压高墨达起义上台后，又把波斯帝国的首都定在苏撒。汉谟拉比石柱法典便又落到了波斯人手中。至此以后，法典便神秘消失，再没人知晓它的踪迹。

几千年之后，这根石柱法典被人们发掘出来，重见天日。可是人们惊奇地发现，石柱的正面七栏已被损坏。据史料记载，埃兰国王攻克了巴比伦后，自感成就非凡，不甘身死名逝，于是打算在这巨大的圆柱石碑正面上刻上自己的丰功伟绩。可是，为什么石柱不仅没有刻上新字，反而被损坏了呢？这就不为人知了。

还有汉谟拉比法典到底经历了怎样的劫难呢？这一切只能是个谜，有待我们的继续探讨和发现。

吴哥窟之谜

一百多年前，法国博物学家亨利·穆奥为了寻找珍奇动物而费尽艰辛钻进了柬埔寨的密林深处，却意外地发现了一座辉煌的人类文明遗迹，这就是被密林掩藏了四百多年的神秘古城——吴哥窟，至今在它身上仍然有神奇的难解之谜……

▲ 1860 年，亨利·穆奥为了寻找珍稀动物而钻进了柬埔寨密林深处。在一个人迹罕至的地方，他意外地发现，在浓密的树影之中的吴哥窟。

吴哥窟又名吴哥寺，是柬埔寨历史最悠久、规模最宏大的古寺，也是保存最好的名刹。它离暹丽约 6 千米，占地约 208 公顷，是世界上最大的宗教建筑物之一，是柬埔寨人最大的骄傲。

吴哥窟是由一个叫做吉篾（今名叫高棉）的东南亚民族所建，时间大概从公元 802 年起，那时阇耶跋摩二世建立了辉煌的高棉帝国，繁荣昌盛达 600 年之久。

吴哥王城的建筑富丽堂皇，吴哥窟的建筑可分东西南北四廊，每廊都各有城门。从西面进去，经一段长达约 600 米的石板路后方是正门。吴哥王城内有宫殿、图书馆、浴场、回廊等，精美的雕刻也几乎完好无损。吴哥王城方圆 10 平方千米，俗称大吴

更多介绍

不过有人猜测苏利亚瓦尔曼二世建造吴哥窟是为了供奉兴都教的维希奴神。由于维希奴神的代表方向是西方，所以吴哥窟是吴哥古迹里少数大门朝西的建筑。由于西面也代表死亡，高棉人还把吴哥窟称为葬庙。

哥，是高棉帝国的最后一座都城。它由边长 3 千米、高 7 米的城墙围住，各边中央开一间，东边还多开一个“胜利门”。王城由坚固的城墙环绕，有 5 个城门。王城中央有座四面塔，雕刻在塔壁上的菩萨有 4 种面孔，饶有意趣。王城的北门前，矗立着怀抱大蛇的巨人石像，右面的是“恶神”，左面的是“善神”。王城南面 1 000 米处，有座建筑宏伟的寺院，这是吴哥寺废墟，位于今天柬埔寨首都金边西北约 6 千米处的里萨湖附近。吴哥城的布局与印度教中的宇宙中心说一致，巴云寺中心的塔象征着神山，位于宇宙中心，城内的其他建筑则象征着天与地，城墙是世界的边缘，而护城河则是世界之外的海洋。

在 12 世纪时，吴哥建筑达到了艺术上的高潮。整座建筑由大石一块块砌成，没用石灰水泥，更没用钉子梁柱，充分展示出了古人的建筑巧思。当时建造的吴哥庙，所有的墙壁全都刻有精美的浮雕，每个平台的周围都有面向四方的长廊，连接着神殿、角塔和阶

▲ 吴哥窟精美的浮雕

梯，即使长廊的墙上也全都刻有描述古代印度神话故事的浮雕。吴哥庙不仅本身规模宏大无比，庙宇的外面还有一条将近 10 米宽的堤路。直通庙宇的大门，堤路的两边也都竖立着巨大威严的那伽蛇神像。一般说来，世界各国所有的庙宇都是坐西朝东，而唯独吴哥庙大门朝西，这使后来研究古代高棉的考古学家百思不解。

▲ 吴哥窟精美的塑像

吴哥文明的建筑之精美令人赞叹不已，然而却在 15 世纪初突然人去城空。在此后的几个世纪里，吴哥地区又变成了树木和杂草丛生的林莽与荒原，只有一座曾经辉煌的古城隐藏在其中。直到 19 世纪穆奥发现这座遗迹之前，连柬埔寨当地的居民对此都一无所知。

按说任何一个民族的文化都应有它的延续性，何况吴哥是一个曾经繁荣过 600 年的王朝，但它的文化竟一下子就忽然中断、忽然消失在历史的长河中了。那么究竟是谁？出于何种目的修建了这座都城寺院呢?这么精美的建筑，为何被隐没在莽莽林海之中呢?它又是怎样衰落的呢？……这一切都是难解的谜。

据考古学家考证，9 世纪初，柬埔寨人的祖先、高棉族的贾牙巴尔曼二世从东南亚来到了这里，统治了相当长一段时期；12 世纪初，苏利亚瓦尔曼二世建造了吴哥寺；12 ~ 13 世纪，贾牙巴尔曼七世修建了方圆 12 千米的吴哥王城，并挖掘了两个灌溉用的蓄水池。从吴哥王城的规模推断，这里最繁盛时期，至少住有 200 万人以上，但似乎在一夜之间全部消失了。

有人把这归于外敌的入侵，但外敌入侵可能导致王朝的改朝换代，却无法使一个民族的人民统统消失。

有人说是因为湖水泛滥，因而摧毁了吴哥窟。

有人认为，可能是当时流行鼠疫、霍乱之类传染病，没到一个月，200万居民全部死亡。

也有人说，由于发生了内讧，居民互相残杀，死伤殆尽，空留下这些伟大的建筑。

还有人认为是敌军突然占领了全城，200万人全部沦为奴隶并被带走。可是，即使如此，总该留下些痕迹吧?然而吴哥遗址并未见任何人为的破坏和毁灭，既没有战争的痕迹，也未见尸骨累累，一切都似乎消失于自然之中。

可是据专攻柬埔寨古历史的克劳斯说：“吴哥亡国原因在于奴隶的反抗。他们用各种办法杀尽了王公贵族及其子女，然后放弃了这块土地而转移到别处去了。”

但事实是：在吴哥地区过去确实曾有200万以上的人口居住过，这个民族和这些人们到底到哪儿去了呢?这真是一个无法解开的谜团。吴哥窟留给人们的只是无尽的神秘。

▲ 通往吴哥城中心的堤路两旁，矗立着一排排巨大而威严的石像。吴哥窟不仅本身规模恢弘无比，庙宇的外面还有一条将近10米宽的堤路，直通庙宇大门，堤路的两边竖立着巨大威严的那伽蛇神像。那伽是印度神话中的守护神。

更多介绍

在柬埔寨王国国旗的正中，有三个金色佛塔组成的寺庙建筑，这就是被誉为东方四大古迹之一的吴哥窟。这座建于中世纪的寺庙建筑，是柬埔寨国家的象征，也是人类建筑史上具有极高艺术价值的珍品。1992年，联合国教科文组织将吴哥遗迹群作为文化遗产，列入《世界遗产名录》。

▲ 柬埔寨王国国旗

奥尔梅克文明之谜

除了玛雅文化，中美洲还曾经出现过另一种神秘文化，那就是奥尔梅克文化。多少年来，现代考古学家一直孜孜不倦地寻找它，研究它，分析它。关于它的说法与争论也层出不穷，至今它还是一个不为人知的谜……

更多介绍

1939年1月16日在特雷斯·萨波特斯出土了一块石碑，石碑的正面刻有“点”“横”组成的数字，竖行排列，经破译意为“公元前31年”。石碑的背面刻有美洲豹的形象。这一石碑的发现向人们昭示了这样一个真理：奥尔梅克人是中美洲文明发展进程中创造文字和历法的始祖。

在公元前1200～公元80年间，就在地球上的大多数角落仍然处于文明的黑暗中时，中美洲的墨西哥湾的炎热海岸上出现了这样一种文明——奥尔梅克文明。

这地方离同在墨西哥的塔巴斯科和韦腊克鲁斯不远。一个神秘的民族在这儿生活了好几个世纪，并且创造了灿烂辉煌的文化。他们曾在高原上大兴土木，建造城市；也曾在这些古远的城市中创造了自己的文明……

奥尔梅克文明有极高的艺术造诣，连现代人都叹为观止。奥尔梅克文明被普遍认为是中美洲文明的始祖，它为日后的社会提供了许多文明财富：有恢宏宫殿的残骸，有奇特的陶器，有人形美洲虎图案……但最卓著的当属奥尔梅克特有的雕像，这些雕像以巨大的石头头部雕像工艺见长，大都雕刻着厚厚的嘴唇和凝视的眼睛。科学家认为，这些雕像很可能是当时帝王的纪念碑。

雕像的高超工艺，连几千年后的现代人都惊奇不已。它们不仅体积巨大，而且栩栩如生，尤其令观者震撼的是，这些雕像所用的石头均来自很远的地方，而在当时没有先进机械设备的情况下，奥尔梅克人却把沉重的玄武岩石块从20千米外的火山区拖到圣洛伦索，还把巨大的

▲ 据考证，奥尔梅克人可能是最早种植玉米的人。

石头打磨成了 3 米高的石头头像，其中的力量与智慧实在不容小视。所以，科学家认为，这些石像是文明的标志。

这么强盛和发达的民族，到公元前 900 年，不知是什么原因，突然消失了，仿佛一下子从人间蒸发了。他们所建造的金字塔、祭坛密集的城市、诡异的石碑、用黄金和玉石雕刻的饰物最终也被无情的热带雨林所吞没。岁月埋葬了奥尔梅克人的一切，人类对于这些神秘人们的生活已经一无所知了。

▲ 特雷斯·萨波特斯石碑

令人奇怪的是他们的遗迹中也没有任何遭到外敌入侵的痕迹。所以科学家猜测也许是他们赖以生存的河流由于淤泥堵塞而改道，导致他们不得不放弃这里，远走他乡。据说今天的墨西哥圣洛伦索就建立在它的遗址之上。总之，在今天奥尔梅克文明仍然是一个难解的谜。

神秘的厄尔尼诺现象

近年来，各类媒体越来越关注这样一个气候学名词：厄尔尼诺。众多气候现象与灾难都被归结到厄尔尼诺的肆虐上，例如印尼的森林大火、巴西的暴雨、北美的洪水及暴雪、非洲的干旱，等等。它几乎成了灾难的代名词！可是这么一种神秘的现象又是如何造成的呢？

更多介绍

连绵起伏的沙漠中，有一片绿洲，这里生长着茂盛的植物，并盛开着鲜花。素有“不毛之地”的沙漠也会有如此独特的风景吗？海洋气象学家研究认为沙漠开花的真正原因与“厄尔尼诺”现象的出现密切相关。

在秘鲁和厄瓜多尔海岸，每年从圣诞节起至第二年3月份，都会发生季节性的沿岸海水水温升高的现象，3月份以后，暖流消失，水温逐渐变冷。当地称这种现象为“厄尔尼诺”，西班牙语的意思为“圣婴”，即圣诞节时诞生的男孩。 它是一种发生在海洋中的现象，其显著特征是赤道太平洋东部和中部海域海水出现异常的增温现象。

每当发生这种情况时，在这一海域里生活的适应冷水环境的浮游生物和鱼类，因水温上升而大量死亡，使得世界著名的秘鲁渔场的鱼产量大幅度减产。在近几十年里，人们还发现，世界各地的灾异现象多与厄尔尼诺现象有着某种联系。由于海水增温，也导致海面上空大气温度升高，从而破坏了地球气候的平衡，致使一些地方干旱严重，另一些地区则洪水泛滥。这种现象每隔3 ~ 5年就会重复出现一次，每次一般要持续几个月，甚至一年以上。有人甚至认为，世界各地大的自然灾害都是由于发生厄尔尼诺而引起的。“厄尔尼诺”现象会给人类带来一系列灾难。因此，海洋学家、气象学家都在研究厄尔尼诺现象的发生规律。

▲ 厄尔尼诺现象造成的北美暴雪天气。

直到今天，人们对太平洋中出现的厄尔尼诺现象，仍有许多迷惑不解之处：发生厄尔尼诺现象时，那巨大的暖水流是从何处来的？它的热源在哪里？

过去人们提出过种种假说，如：其热源来自地心，或是因为海底火山爆发等。但是，往往在没有发生大的火山爆发时，也曾发生过厄尔尼诺现

◀ 厄尔尼诺现象造成非洲草原上的干旱现象。

象，因此这种假说不能令人信服；有人从自然现象上试图找到这种现象的原因。一些人认为是由于太平洋赤道信风减弱，造成了“厄尔尼诺”现象；另一些人认为是由于西太平洋赤道东风带的持续增强，造成了太平洋洋面西高东低的局面，才形成了“厄尔尼诺”现象；还有一些人认为，由于东南和东北太平洋两个副热带高压的减弱，分别引起东南信风和东北信风的减弱，造成赤道洋流和赤道东部冷水上翻的减弱，从而使赤道太平洋海水温度升高，形成了“厄尔尼诺”现象。

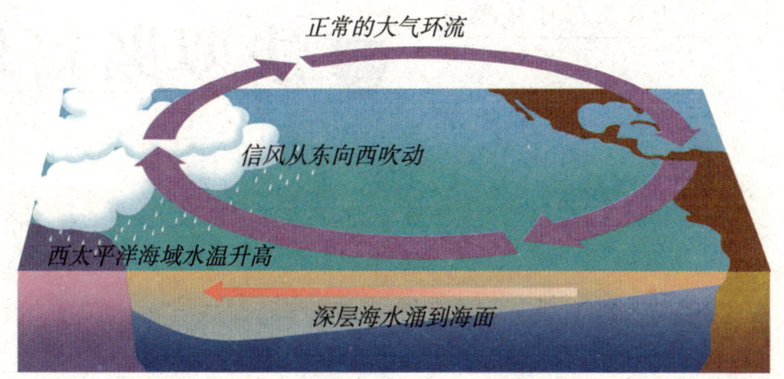

▲ 正常年份

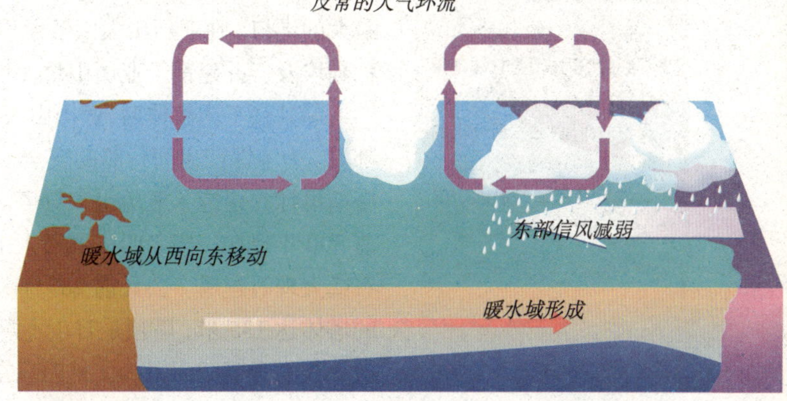

▲ 厄尔尼诺期间

总之，厄尔尼诺现象的出现，不是单一因素所能解释的，它的形成机理也许是大自然中的水体、大气、天文等诸多因素作用的结果，相信在不久的将来，厄尔尼诺之谜一定能解开。

▶ 1997年是强厄尔尼诺年，其强大的影响力一直持续到1998年上半年，我国在1998年遭遇的历史罕见的特大洪水，厄尔尼诺现象使是最重要的影响因素之一。

法罗斯灯塔之谜

遵照亚历山大大帝（马其顿国王）的命令，亚历山大城的法罗斯灯塔于公元前300年建在一座人工岛上，它的高度当之无愧地使它成为当时世界上最高的建筑物。但至今它的身上仍然有许多未解的谜……

更多介绍

法罗斯灯塔与其余六个奇观绝对不同，因为它并不带有任何宗教色彩，纯粹为人民实际生活而建，法罗斯灯塔的灯光在晚上照耀着整个亚历山港，保护着海上的船只，另外，它也是当时世界上最高的建筑物。

亚历山大城系横扫欧、亚、非三大洲的马其顿大帝亚历山大所建，曾是世界三大城市之一，也是地中海中部最大的港口。在亚历山大大帝死后不久，他的手下托勒密便称霸埃及，并建都于亚历山卓（埃及尼罗河西面的古城）。

马其顿王国解体后，亚历山大城成为埃及托勒密王朝的都城。为了保证夜间行船的安全，托勒密二世委派索斯特拉塔斯设计并建造了亚历山大灯塔。亚历山大城的灯塔于公元前300年建在一座名叫法罗斯人工岛上，用闪光的白色石灰石或大理石建成。公元前285年动工，历时39年，完成后的塔体达135米，塔顶是日夜不息的熊熊火焰，还有一个反射火光的青铜凹面镜，使得船只在60千米外就能望见。

一位阿拉伯旅行家在他的笔记中这样记载着：“灯塔是建筑在三层台阶之上，在它的顶端，白天用一面镜子反射日光，晚上用火光引导船只。”

据文献记载，灯塔由4层构成，并均略向里倾斜。底层为正方形，高60米，有300余个房间和洞孔，供人员住宿、存放器物。第二层为八面体，高30米。灯塔的三层为圆形，由8根圆柱撑着一个圆顶，并有螺旋通道通向顶部，这一层即灯体所在。它的灯，或说是一个大型的金属镜，可在白昼反射白光，夜中反射月光；或说是放置了一个巨大的长明火盆，旁边有一个磨光的花岗石以反射火光。这样，远处海船都能遥见塔上灯光，长明不息，

据以导航。第四层为海神波塞东的巨大塑像，高 7 米。整个灯塔面积约 930 平方米，高达 180 米，全为石灰石、花岗石、白大理石和青铜铸成，气势恢宏。

当法罗斯灯塔建成后，它的高度当之无愧地使它成为当时世界上最高的建筑物。1500 年来，亚历山大灯塔一直在暗夜中为水手们指引进港的路线。

然而这座伟大的建筑如今已荡然无存，它是怎么被毁灭的

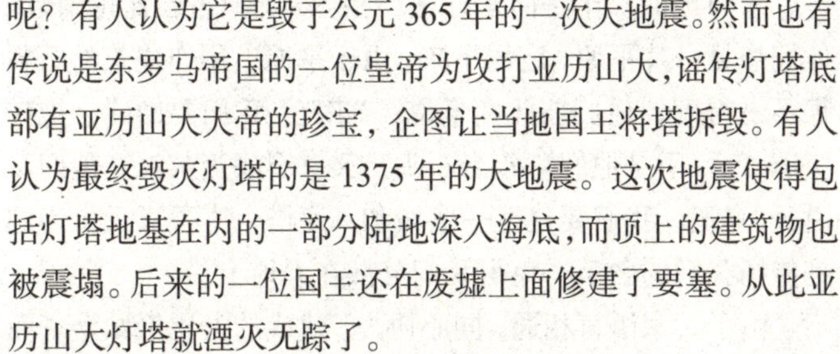

呢？有人认为它是毁于公元 365 年的一次大地震。然而也有传说是东罗马帝国的一位皇帝为攻打亚历山大，谣传灯塔底部有亚历山大大帝的珍宝，企图让当地国王将塔拆毁。有人认为最终毁灭灯塔的是 1375 年的大地震。这次地震使得包括灯塔地基在内的一部分陆地深入海底，而顶上的建筑物也被震塌。后来的一位国王还在废墟上面修建了要塞。从此亚历山大灯塔就湮灭无踪了。

所有的这一切都无从考证，只能是个谜一样地留下来。

巴别通天塔之谜

今天的伊拉克首都巴格达的所在地5000年前是一马平川，那里曾屹立着一座无比壮观的巨塔——“巴别”通天塔。它为何被称作“巴别”塔？它真的能够“通天”吗？它到底是派什么用场的？

更多介绍

在人们看来，昔日的“巴别”通天塔，比之列为世界古代七大奇迹之一的“空中花园”并不逊色，被视作5000年前美索不达米亚鼎盛时代的标志。那它为何没有被列入世界奇迹呢？有人解释说，当第一批关于世界奇迹的名单出现时，“巴别”塔已不存在了，只剩下地面上一个巨大的洞穴。

人们并不知道“巴别”塔最初从何而来，只知道早在远古时代，它就走进了犹太人的《圣经·旧约》之中。

根据犹太人的《圣经·旧约》记载：洪水大劫之后，天下人都讲一样的语言，都有一样的口音。诺亚的子孙越来越多，遍布地面，于是向东迁移。在示拿地（古巴比伦附近），他们遇见一片平原，定居下来。由于平原上用作建筑的石料很不易得到，他们彼此商量说：“来吧，我们要做砖，把砖烧透了。”于是他们拿砖当石头，又拿石漆当灰泥。他们又说：“来吧，我们要建造一座城和一座塔，塔顶通天，为的是传扬我们的名字，免得我们分散在大地上。”

由于大家语言相通，同心协力，建成的巴比伦城繁华而美丽，高塔直插云霄，似乎要与天公一比高低。没想到此举惊动了上帝！上帝深为人类的虚荣和傲慢而震怒，不能容忍人类冒犯他的尊严，决定惩罚这些狂妄的人们，就像惩罚偷吃了禁果的亚当和夏娃一样。他看到人们这样齐心协力，统一强大，心想：如果人类真的修成宏伟的通天塔，那以后还有什么事干不成呢？一定得想办法阻止他们。于是他悄悄地离开天国来到人间，变乱了人类的语言，使他们分散在各处，那座塔于是半途而废了。

▼ 在希伯来语中，“巴别”是“变乱”的意思，于是这座塔就被称做“巴别塔”。下图是布鲁格尔画笔下的巴别塔。

然而几千年来人们一直都没有发现巴别塔的遗迹，有人认为它不过是个

神话。后来考古学家在古巴比伦遗址上发现了一个由石块、泥砖砌成的拱形建筑废墟，中间有口正方形的大井。开始考古学家以为这是空中花园的遗址，直到后来在附近出土了一块记载了通天塔的方位和式样的石碑，才知道这就是通天塔的塔基，可以想象这座塔的规模十分宏大。公元前460年，即塔建成150年后，古希腊历史学家希罗多德游览巴比伦城时，对这座已经受损的塔仍是青睐有加。根据他的记载，通天塔建在许多层巨大的高台上，这些高台共有8层，愈高愈小，最上面的高台上建有马尔杜克神庙。墙的外沿建有螺旋形的阶梯，可以绕塔而上，直达塔顶；塔梯的中腰设有座位，可供歇息。塔基每边长大约90米，塔高约90米。

公元前484年，通天塔毁于战火。虽然人们如今已基本复原了它的外观，然而整体的设计和结构仍是一个未解的谜。

沙漠岩画之谜

撒哈拉沙漠是世界第一大沙漠，气候炎热干燥。然而，在这极端干燥缺水、土地龟裂、植物稀少的旷地，竟然曾经有过高度繁荣昌盛的远古文明——沙漠上许多绮丽多姿的远古大型岩画。今天人们不仅对这些壁画的绘制年代难于考核，而且对壁画中那些奇形怪状的形象也茫然无知。于是，我们只好把它称为人类文明史上的一个不解之谜。

更多介绍

在撒哈拉岩画群中，人们还发现两种特殊的文字。这种文字的特点是没有表示母音的符号，虽然可以读出，但其含义是极难理解的，这种文字可以上下左右任意自由地书写，被称为笔耕式的书写法。

撒哈拉大沙漠是世界上最大的沙漠，那里气候干燥，烈日当空，终年不见滴雨，被人们视为“生命的禁区”。然而谁曾想到，这里曾经也是水草丰美的鸟兽乐园，还哺育出了相当发达的人类文明。

1850年，德国探险家巴尔斯来到撒哈拉沙漠进行考察，无意中发现岩壁中刻有鸵鸟、水牛以及各式各样的人物像。

1933年，法国骑兵队来到撒哈拉沙漠，偶然在沙漠中部塔西利台、恩阿哲尔高原上发现了长达数千米的岩画群，全绘制在受水侵蚀而形成的岩阴上，五颜六色，雅致和谐，这些画面表现了人们当时的生活情景，如朴素的家庭生活、狩猎队伍、吹号角赶着牛群等。画面上还有大象、犀牛、长颈鹿、鸵鸟等现在只能向南1 500多千米的草原上才能找到的动物，另外还有一些显然已经绝迹的飞禽走兽。

因此，可以断定：古代的撒哈拉并非黄沙一片，而是肥沃的绿色草原。这里曾河流纵横，大小湖泊星罗棋布，植

▼ 岩画中有一些轮廓具有硕大的圆形脑袋，有些头上还有细角，五官模糊或根本完全省略，与现代宇航员的装扮有几分相似。这一形象的原型是什么呢？是出于一种巫术目的的装扮，还是外星宇航员的写照？我们一无所知。

物茂盛，百花争艳，飞禽走兽出没其间，俨然不同于今天的风沙遍地。当时有许多部落或民族生活在这块美丽的沃土上，创造了高度发达的文化。这种文化最主要的特征是磨光石器的广泛流行和陶器的制造，这是生产力发展的标志。在岩画中还有撒哈拉文字和提斐那古文字，说明当时的文化已发展到相当高的水平。

▲ 岩画《野牛、长颈鹿》

那么，在今天极端干燥的撒哈拉沙漠中，为什么会出现如此丰富多彩的古代艺术品呢？有些学者认为，要解开这个谜，必须立足于考察非洲远古气候的变化。据考证，距今 3000 ~ 4000 年前，撒哈拉不是沙漠而是草原和湖泊。约 6 000 多年前，曾是高温和多雨期，各种动植物在这里繁殖起来。只是到公元前 200 ~公元 300 年，气候变异，昔日的大草原才终于变成沙漠。

▲ 阿尔及利亚岩画《双角女神》

可是又会是什么人绘制了这些壁画呢？他们的后裔又去向何方？从附近发现的人类遗址中，人们只找到一些简陋的石器。可见这一文明的开端从新、旧石器时代的交替时期开始，而它的最初源头仍然是个谜，其后的发展脉络也并不清晰。除岩画以外，还没有发现其他遗物。所有的这一切都有待我们继续探索。

▼ 阿杰尔的塔西里已被公认为世界上最大的史前岩画博物馆。这里保留着 15 000 多幅史前时代的岩画和雕刻作品，记录了从公元前 6000 年到第一世纪撒哈拉气候的变化、动物的迁徙以及人类生命的进化。1982 年，联合国教科文组织将其作为文化遗产，列入《世界遗产名录》。

所罗门宝藏之谜

由6个大岛和900多个小岛组成的所罗门群岛，仿佛一块块璀璨的翡翠和一粒粒晶莹的珍珠散落在西南太平洋约60万平方千米的洋面上。值得一提的是，所罗门群岛这个名字是和“所罗门王宝藏”联系在一起的，那么在它身上究竟隐藏着什么秘密呢？

更多介绍

金“约柜”里装着以色列人最崇拜的上帝耶和华的圣谕。这是当年摩西在西奈山顶上得到的。上帝还授予摩西一套法典和教规，要以色列人事事都要遵守照办。摩西得到圣谕和“西奈法典”后，就让两个能工巧匠用黄金特制了一个金柜，这就是金“约柜”。

耶路撒冷，是一座举世闻名的圣城，它是世界上唯一被犹太教徒、伊斯兰教徒和基督教徒共同尊奉为圣地的城市。耶路撒冷坐落在地中海东岸的巴勒斯坦中部，最早叫“耶布斯”。传说，在公元前2 000年左右，一个被称为耶布斯人的部落首先来这里筑城定居的。后来，另一个叫迦南人的部落也来到了这里。他们把这个城市叫作“犹罗萨拉姆”，意思就是“和平之城”。

大约在公元前1000年，犹太人的首领大卫攻占了这座城市，并把它作为自己的首都，建立了统一的犹太王国。他在耶路撒冷大兴土木，建造了一系列的城市建筑，其中最为著名的是一座巨大的犹太教圣殿。大卫死后，他的儿子所罗门（公元前960～前930年）即位。所罗门王在公元前10世纪的时候建立了一座雄伟的犹太教圣殿——耶和华神庙，并在神殿中央的“亚伯拉罕神岩”下修建了地下室和秘密隧道。这座圣殿长200多米，宽100多米，用了7年的时间才建成。它成了犹太人心目中的圣地。从此，犹太教徒也开始把耶路撒冷视为自己的圣城。

所罗门的犹太教圣殿建在耶路撒冷的锡安山上，周围还筑了一道石墙。相传，犹太教最为珍贵的圣物金“约柜”和“西奈法典”就放在圣殿的圣堂里。除了犹太教的最高长老（即祭司长）有权每年一次进入圣堂探视圣物外，其

▼ 所罗门王修建犹太教圣殿——耶和华神庙。

他任何人都不得进入。

所罗门极为富有。根据《圣经》记载，所罗门每年从各个属国征收相当于666塔兰黄金（1塔兰相当于150千克）的贡品。所罗门将他所搜刮的金银财宝都存放在圣殿里，而这也就是历史上举世闻名的“所罗门宝藏”。

然而后来，犹太王国日渐衰落。公元前586年，新巴比伦国王尼布甲尼撒二世攻陷了耶路撒冷，并因垂涎“所罗门宝藏”而在“亚伯拉罕神岩”下的地下室和隧道中大肆搜找。可惜由于地下室和隧道曲折幽深，结构复杂得像一个迷宫，寻宝行动最终只好放弃，圣殿也因此被毁灭。

千百年来，人们一直在苦苦地寻找着传说中的所罗门宝藏，可是它似乎像在人间蒸发了一样，遍寻不到它的丝毫痕迹。也许，它早已被毁灭；也许，它还沉睡在世界的某个角落，静静地等待着人们去发现。

▲ 所罗门宝殿的至圣所遗址

▲ 所罗门王与示巴女王

▼ 犹太人把迦南人所起的城名希伯莱语化，叫做“犹罗萨拉姆”，汉语译为“耶路撒冷”。“耶路”是“城市”的意思，“撒冷”是“和平”的意思，合起来也就是“和平之城”。阿拉伯人则习惯把耶路撒冷叫作“古德斯”，也就是“圣城”的意思。

图书在版编目（CIP）数据

世界未解自然之谜 / 田雨编. —合肥：安徽科学技术出版社，2012.3
（中小学生最爱的科普丛书）
ISBN 978-7-5337-5596-6

Ⅰ. ①世… Ⅱ. ①田… Ⅲ. ①自然科学 – 普及读物Ⅳ. ①N49

中国版本图书馆 CIP 数据核字（2012）第 052737 号

世界未解自然之谜 **田雨 编**

出 版 人：黄和平 责任编辑：吴 夙 封面设计：李 婷
出版发行：时代出版传媒股份有限公司 http: //www.press-mart.com
安徽科学技术出版社 http: //www.ahstp.net
（合肥市政务文化新区翡翠路 1118 号出版传媒广场，邮编：230071）
印 制：合肥杏花印务股份有限公司

开本：720 × 1000 1/16 印张：10 字数：25 万
版次：2012 年 3 月第 1 版 印次：2023 年 1 月第 2 次印刷

ISBN 978-7-5337-5596-6 定价：45.00 元